わたしがファッションや表現の仕事に携わったのは、10代の後半の頃でした。当時、服創りやその他の創作を志す人たちは今よりずっと保守的だった世間と向き合って、新しい価値観を生み出そうと懸命でした。あらゆるジャンルで新たな価値観が生まれ、若者たちは未来に向かって情熱を形にしていました。

　ファッションの世界は音楽や身体表現、アート、グラフィック、建築、社会現象など、生活全般にかかわる要素が反映されます。服創りの現場で、わたしはたくさんの表現と出会い、創作の意味を知り、服を創る喜びと着ること、そして着せる楽しさを通し、計り知れないほど多くのことを学びました。

　人とのコミュニケーションが苦手で、自分の世界に閉じこもりがちな積極性に欠ける子どもだったわたしは、着るという仕事の中で次第に解放されていきました。そして行きついた答えは、服は身体を保護するもので、身体はこころの真の衣服、こころは身体を着ているということです。着替えることの出来ない身体だからこそ、大切にしたいと思うようになりました。

　身体の70%は水で出来ています。その水の身体を包む衣は土の栄養や太陽エ

ネルギーを十分に吸収した繊維を紡いで織られます。そして丁寧に裁断し縫製され、多くの人の手を経て服が生まれ店頭に並びます。たくさんの工程は自然の摂理を含んだたくさんの命そのものです。

わたしたちは……一人では生きていけないのです。だから……自分のことだけを考えるのではなく、他に対してこころを向けてほしいのです。あきらめないで……見返りを求めないで接してみてください。水や植物、鉱物、動物、機械、そして他人に対して……。

自分中心になりがちな中で、他の物や人の立場に置き換えてみるこころがほんの少しでも生まれたら、すてきなことでカッコイイことです。そのこころが幸せへの第一歩であり、ファッションなんです。

わたしは今、いろいろなジャンルのアーティストと「着る」意味をテーマに実験的なパフォーマンスのコラボレートを試みていますが、いつかどこかで、そのようなこころを持つ君たちと出会いたいと思っています。

山口小夜子　未来を着る人

会期｜2015 年 4 月 11 日（土）　-　6 月 28 日（日）
会場｜東京都現代美術館

はじめに

　1970 年代初頭より、アジア人初のトップ・モデルとして世界を舞台に一世を風靡するとともに、国内に向けても日本女性の新たな美を提示した山口小夜子。彼女が晩年の数年間、若い世代の表現者たちと、ファッション、音楽、映像、演劇、朗読、パフォーマンス、ダンスなどが混在する実験的な試みを行なっていたことは、これまで十分に紹介されてきませんでした。本書は、世代やジャンルを超えて、東洋と西洋、オーバーグラウンドとアンダーグラウンドなど、異なるものをつなぎ SAYOKO というひとつのジャンルを打ち立てたと言うべき彼女の生涯を振り返りつつ、常に時代の先端を走り続けたその文化的遺伝子を未来へと渡すものです。

　小夜子にとって、モデルの仕事とは、デザイナーが服にこめた意図を自らの身体をもって解釈しなおすという、他者との能動的なコラボレーションを指していました。数えきれないほどの写真に収められた彼女ですが、そのどれもが、単なる被写体としてのあり方を越えて、強いまなざしとともに写真家と対峙するような力を放っています。本書には、小夜子が各界の才能たちとのコラボレーションを通して生み出した、数多くの美しい場面の記録も収められています。
「何でも着られる」と言う小夜子にとって「着る」という行為自体が、外界に対する身体的な応答、コラボレーションを意味していたといえます。映像を着る、空間を着る……。晩年、こころも身体を着ているのだ、と言った彼女にとって、「着る」とは存在することそのものを指すようになります。ここに収められたエッセイや論考、彼女の言葉の数々は、その思想の核に迫るものです。かたちとして後に残らず、その瞬間だけに存在していた、どこまでもパフォーマティヴな彼女の仕事が、本書によって未来へと語り継がれることを願っています。

Sayoko YAMAGUCHI — The Wearist, Clothed in the Future

Period: April 11 — June 28, 2015
Venue: Museum of Contemporary Art Tokyo

Foreword

Sayoko Yamaguchi burst onto the world stage in the early 1970s as Asia's first top model, while simultaneously presenting Japanese women with a new standard of a feminine beauty. In the last few years of her life she collaborated with the younger generation to create experimental works, combining fashion, music, film, theatre, recitation, performance, dance, etc., many of which have yet to be fully introduced to the general public. Sayoko Yamaguchi, can be said to have combined a variety of opposing factors—East and West, mainstream and underground, etc., going beyond generation and genre, to establish a new genre known as 'SAYOKO,' she always stood at the forefront of the times and by looking back over her life, this book aims to transmit this meme (cultural gene) to the future.

For Sayoko, modeling represented a way of using her body to reinterpret the intentions expressed through the clothes by the designer; it was a form of active collaboration with others. Her image has been captured in countless photographs, but in all of these, she goes beyond being merely a subject, her powerful gaze expressing strength, as if confronting the photographer. This book presents a record of numerous beautiful images that resulted from her collaboration with talented artists from wide range of fields.

Capable of 'wearing anything,' Sayoko considered the act of 'wearing' to be a physical response to, and collaboration with the outside world. She would 'wear' images, 'wear' space... In her latter years, she even remarked that her heart 'wore' her body, and to her the term 'to wear' was synonymous with 'to exist.' Through essays, dissertations and numerous examples of her own words this book will attempt to create a greater understanding of her core philosophy. Her work was entirely transitory and she had no intention of leaving any material works, but we hope that this book will serve to ensure that people continue to talk about her in the future.

もくじ

山口小夜子

未来を着る人

パリ・コレに出演するためにパリに来てほしいと招待を受けたとき
は、最初は躊躇しました。なぜ私が必要なのか、よくわからなかっ
た。"小夜子はそのままでいい"と言われて、心から驚いたほど。
オカッパのヘアスタイルで黒髪。西洋的なモデルとまったく異なっ
た私に、"そのままでいい"と言った人はそれまでいませんでした
から。（…）黒髪、切れ長の目、小さい鼻の私の顔は、彼らにとっ
て日本的であり、今までになかった個性だったのです。

第 1 章　　時代とともに　──　トップモデルとしての小夜子

　杉野学園ドレスメーカー女学院を卒業、服作りの現場に関わりたいと考えた小夜子を最
初にプロのモデルとして起用したのは、山本寛斎である。1971 年、彼のロンドンでの日
本人初のショー成功を受け、西武デパート内のアヴァンギャルドなショップ「カプセル」
で開催された凱旋ショーだった。1972 年にはザンドラ・ローズの東京でのショーのメイ
ンに抜擢されたことをきっかけに、ジャン＝マリー・アルマンというオートクチュールの
パリ・コレクションに出演。翌 1973 年には、三宅一生初のパリ・コレクションに出演。
以後、高田賢三をはじめとする日本人デザイナーの進出と歩みを同じくするように、瞬く
間にトップモデルに駆け上がり、翌 1974 年には『ニューズウィーク』誌で「世界の 4 人
の新しいトップモデル」と称されることになる。イヴ・サンローラン、クロード・モンタ
ナ、ティエリー・ミュグレーなどのショーのほか、カステルバジャック、エンリコ・コー
ベリ、ニコルなどの広告キャラクターも務め、世界中のショーウィンドーを小夜子のマネ
キンが飾ったといわれる。また、80 年代にかけて「パフォーミング・アーツ」としての
側面をますます強めていく山本寛斎のショーでは、パフォーマーとしてだけではなく、ポ
スター画、舞台イメージ図の制作や、ヘア＆メーキャップのデザインを担当するなど、後
年の活動へつながるクリエイターとしての片鱗を見せている（pp.82-83）。

やまもと寛斎、1976年春夏パリ・コレクション、プレス・ブックのためのフォトセッションより。
撮影：沢渡朔

1971 年頃

1971 年 12 月

やまもと寛斎、1972年のショー。
モデルとして本格的にデビューした頃。

やまもと寛斎のショップで。
1973年頃

やまもと寛斎、企業カレンダーのためのフォトセッションより。
1974 年　撮影：藤井秀樹

毎日グラフ

週刊　1973
魅力の周辺

10・7
山口小夜子

全国観光名所の紅葉めぐり

完成した東洋一の関門橋　　　　200円

『毎日グラフ』1973年10月7日号。
ヴェトナム戦争が終結に向かう頃。

アサヒグラフ 2・8

大正12年1月23日第3種郵便物認可
通巻2625号(毎金曜日発行)昭和49年2月8日発行
昭和24年3月28日国鉄特別扱承認雑誌第37号

fashion
'74テーマ

花

赤とブルーの色の組み合わせが春をよぶ　袖の編み込みは
牡丹　東洋への憧れがにじんでいる　綿100パーセントの
ラップ・ジャケット（デザイン＝ベッツィ・ジョンソン）

円

『アサヒグラフ』1974年2月8日号。
「花」をテーマにベッツィ・ジョンソンの服を着た小夜子。

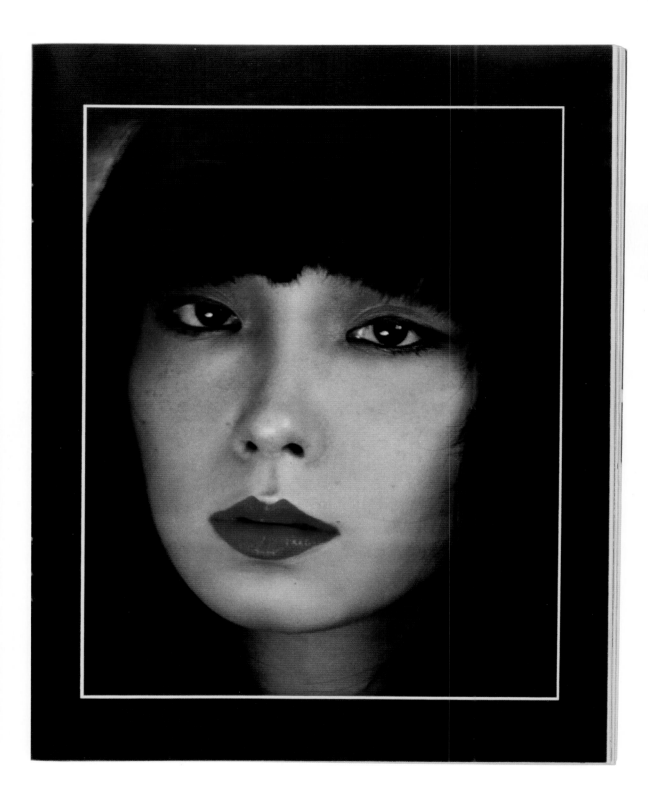

83

イギリスのティーン向けマガジン『19』より。
1974 年頃

日本の着物を紹介する企画のために、ノルマンディ海岸で4日間にわたって撮影された。
『ヴォーグ』フランス版、1974年9月号。　撮影：ギイ・ブルダン

1975年頃　撮影：沢渡朔

1977 年　撮影：横木安良夫

1975年頃　撮影：沢渡朔

'I am looking forward to ▮▮▮▮ designs which emphasize the future.'

『ニューズウィーク』1974年9月9日号の記事。新しい時代の4人のトップモデルの一人として小夜子が紹介されている。オートクチュールからプレタポルテへと時代が移り変わり、モデルは自然体でリアルな個人になったと記事は分析。インタビューで小夜子は答えている。「何を着たいかと尋ねられたら、リラックスできる着心地よいものと答えるわ。私は自分にあったものを自由に選びたい、ただそれだけ。」

A New Breed Of Naturals

Although Lauren Hutton may be one of the world's most celebrated—and highest-paid—models, she is in no danger of monopolizing the covers of Vogue or Elle or of turning high fashion's new natural look into a one-woman show. From the haute-couture salons of Paris to the ready-to-wear showrooms in Tokyo, nearly everyone is turning up natural. Whether in front of cameras or in their jealously guarded private lives, these thoroughly modern models are turning their backs on the stylized chic of the '60s and turning on to being themselves. "You can be a real person in modeling now," exults one of the new breed. "The only look that counts is the individual one." Below, NEWSWEEK INTERNATIONAL profiles four of the world's top new models.

JERRY HALL—If it hadn't been for an auto accident, she might still be riding horses in her hometown of Dallas, Texas. But a year ago, 5-foot 11-inch honey-haired Jerry Hall wrecked her car and took off to Europe on the insurance money. She's been modeling ever since. "I love it," she enthuses. "It's fun to play dress-up all the time and become a beautiful, glamorous girl." Currently, Hall is working out of Paris and dressing up for such prestigious fashion reviews as Vogue and

Yamaguchi: 'Clothes have feelings'

Elle. But even more impressive, Revlon is reportedly considering the 18-year-old beauty for the same variety of exclusive contract for its French advertising as it gave Lauren Hutton in the United States.

Although Hall can't quite believe her sudden success ("I got discovered," she giggles), she's determined not to let it spoil her. She keeps in close contact with her family and talks longingly of earning enough money to one day buy a horse ranch. Hall also speaks her mind about today's fashions. "There are some nice, basic clothes," she explains. "But then the designers pile on lots of coats, scarves and gobs of junk. I don't think the look is sexy or feminine."

Paris designers are touting their Texan protégée as fashion's next supermodel. But Hall, who describes modeling as just hard work and complains that "it's hard to be beautiful all the time," seems more intent on eventually becoming an actress. "I think in a few years I might look the role," she declares. "That's when the parts will fit better into place."

SAYAKO YAMAGUCHI—"I had no intention of becoming a model," explains the lithe, dark-haired beauty. "I just wanted to be a designer." Today, however, 23-year-old Sayako Yamaguchi seems perfectly happy as one of Japan's best-known models. She has

Lawrence Sackman

Hall: 'The designers pile on junk'

Newsweek, September 9, 1974

James: 'I'm quite fussy—I do just the jobs I like!'

Courtesy of Jean-Louis David

Lindblad: 'I like a simple line'

a contract with Shiseido cosmetics and has shown clothes for top designers in Europe as well as Japan. And like most other models for the '70s, her image is one of tantalizing simplicity. "I think a model is just like the thread and the color of the clothes she wears," says Yamaguchi. "To me, all clothes have their own feelings. It's my job to understand those feelings and show them beautifully."

But despite her success, Yamaguchi is not encouraged by current trends in world fashion—especially the '50s nostalgia wave now sweeping Japan. "I am looking forward to designs which emphasize the future," she declares. "Unfortunately we don't have them in Japan yet." And until designers satisfy her whim, Japan's top model plans to continue wearing clothes that accent her natural simplicity. "If I am asked what I want to put on," she explains, "I answer something very comfortable that relaxes me. I want to choose freely what suits me, that's all."

MAUDIE JAMES—Her wardrobe consists mostly of jeans and T shirts, and she complains that going to buy clothes is "a real drag. I get claustrophobic in changing rooms." Nevertheless, shy, soft-spoken Maudie James has been changing in and out of modeling outfits for nine of her 25 years and thoroughly enjoys it. She began her career

at 16 by winning a teen-magazine modeling contest. First prize was a trip to Kenya to do coffee promotions. "It was quite amazing," declared Suzanne Chivers, the woman who ran the contest. "You don't expect winners of contests like that to actually be any good."

But James was good and today she takes her pick from a host of top job offers. "I'm quite fussy about what I do," she admits. "I could be working every day but I'd rather do just the jobs that appeal to me." Her attitude is typical of today's new model—and so is her life-style. James leads a quiet, relaxed home life and tries to avoid the fashion social scene. "Sometime I'd like to have kids and a family," she says. "But I don't feel settled yet."

In the meantime, James approaches her work with quiet dedication and a sigh of relief that modeling has become less stylized. "Today people are photographed more for how they really are," she explains. "Clothes and photographs are more relaxed and natural. When I first started modeling, my whole body would ache at the end of a day from doing back bends or standing on one leg for hours at a time. Today I'm more likely to stand relaxed with my hands in my pockets."

GUNILLA LINDBLAD—In only a few short years, blond-haired, blue-eyed Gunilla Lindblad has gone from

posing part-time for ads in a Swedish newspaper to appearing on the cover of nearly 40 of the world's top fashion magazines. She has been featured on four covers of Vogue alone, posed as "that Cosmopolitan girl" for Francesco Scavullo and starred in cosmetic ads for glamorous clients like Max Factor and Helena Rubinstein. But Lindblad, 26, married and the mother of a 2-year-old son, hasn't let the glamour interfere with her home life. Indeed, to her, mothering is every bit as important as modeling. "If the shooting goes beyond 7," she declares, "I say 'Good-by, I'm leaving to take care of my family'."

Right now home is a spacious white-on-white apartment overlooking the Bois de Boulogne in the Parisian suburb of Neuilly. Downtown, Lindblad models everything from fancy clothes designed by the high priests of haute couture to more practical outfits she coordinates herself. "I like a simple line," she explains. "I like pants. I want to look elegant, but not *too* elegant. Sometimes you see a woman dressed from head to toe in St. Laurent and the effect is really very funny. You can tell where she's just been." As for her future, Lindblad hopes to continue balancing her career and her full home life for at least a few more years. "On the whole," she says, "I enjoy modeling. But that's because I have no illusions that it's anything but hard work."

バックステージの小夜子。
70年代後半。

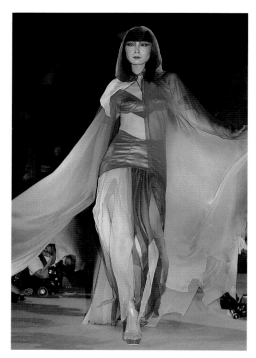

ティエリー・ミュグレー、
1980年春夏パリ・コレクション。

シャンタル・トーマス、
1978年春夏パリ・コレクション。

イヴ・サンローラン、
1978 年春夏パリ・コレクション。

やまもと寛斎、
1979-80 年秋冬パリ・コレクションのためのテスト撮影。

クロード・モンタナ、
1980 年春夏パリ・コレクション。

やまもと寛斎、
1982-83 年秋冬パリ・コレクション。

小夜子をモデルとしたマネキンは、1977年に発売され、
ロンドンのハロッズ、ニューヨークのバーニーズをはじ
め、一時は世界中のショップのショーウィンドーを飾っ
ていたという。当時、人気モデルのマネキンのシリーズ
を出していたロンドンのアデル・ルースティン社が、精
密に型取りをして原型を制作した。

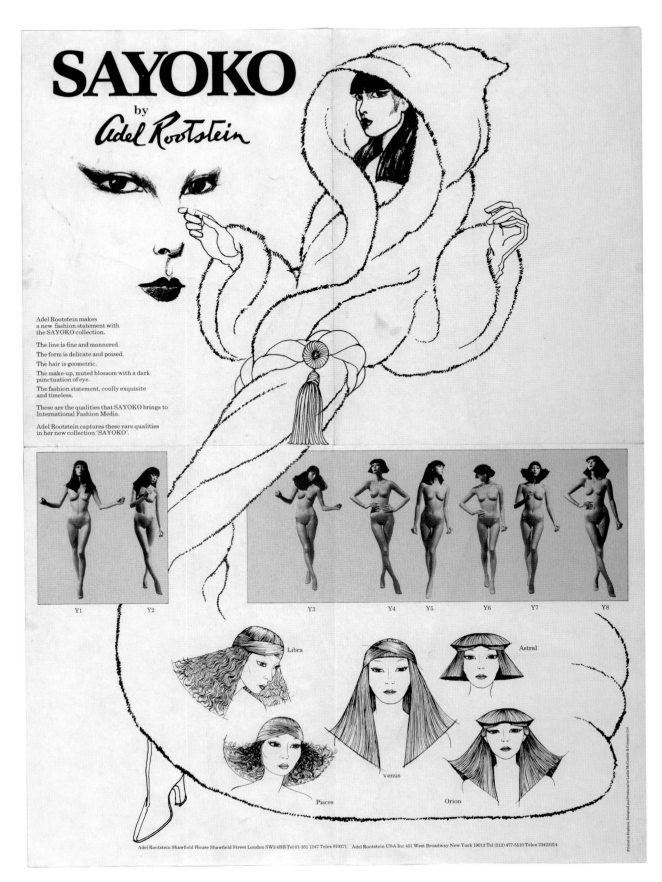

SAYOKO

by *Adel Rootstein*

Adel Rootstein makes
a new fashion statement with
the SAYOKO collection.

The line is fine and mannered.

The form is delicate and poised.

The hair is geometric.

The make-up, muted blossom with a dark
punctuation of eye.

The fashion statement, coolly exquisite
and timeless.

These are the qualities that SAYOKO brings to
International Fashion Media.

Adel Rootstein captures these rare qualities
in her new collection 'SAYOKO'.

Y1   Y2   Y3   Y4   Y5   Y6   Y7   Y8

Libra

Astral

Pisces

Venus

Orion

Adel Rootstein Shawfield House Shawfield Street London SW3 4BB Tel 01-351 1247 Telex 919271   Adel Rootstein USA Inc 451 West Broadway New York 10012 Tel (212) 477-5510 Telex 23423214

Printed in England. Designed and Produced by Leslie McComber & Company Ltd

1978 年　撮影：小暮徹

中西俊夫

　一般的に山口小夜子とパンク、ニューウェーヴの接点というか、そういうイメージもないと思うが、なんと僕に1977年セックス・ピストルズの『勝手にしやがれ！』をパリで買ってきてくれたのは小夜子だった。もう持っていたが、フランス盤だったので色が微妙に違うバージョン（たしかグリーンとピンク）で嬉しかった。パリコレで行った時に買ってきてくれたのだろう。しかもロンドンではさっそくセディショナリーズの黒パラシュートシャツを購入してきて、小夜子なりにパンクを着こなしていた（シャツの第一ボタンを開けないで中国服の襟のようにきっちり何かで止めて小夜子風に）。よく言っていたのは「パンクのおかげで精神的にすごく強くなったの。前は東横線の中で嫌な目に合っても目を伏せちゃってたんだけど、今はきっと目を見て怒れるの。なんか怒りを表現するのもありなんだな！っていうか、なんか解放された感じ」。こんなことを夜中の電話で長々としゃべっていた。気がついたら8時間もしゃべっていたこともあったっけw　よくそんなにしゃべることあったなと思うのだが、話題は多岐にわたっててネットのない時代、ロンドン、パリ、ニューヨークの最新情報、いけてる音楽のこと、映画のこと、いわゆる精神世界系の話も大好きだったので、ヒマラヤ聖人とジョニー・ロットンを同列に語るという、ときどき武家言葉になったりして（いわく「トシちゃんと私は昔、同志だったのよ。だからすらすら武家言葉で話せるの」）まったく話題が尽きるってことがなかった。小夜子はイッセイさんや寛斎さん、山海塾の天児さんたちのような上の世代とも仲が良かったが、僕たちプラスチックスみたいなニューウェーヴとも話があったのがすごくフレキシブルというか、生粋の新しいモノ好きなんだなと思う。尽きない好奇心と探究心。それは晩年のサンズや前衛的なDJとしての活動につながるものだと思うし、宇川君や生西君、藤乃家舞君、山川冬樹君のような僕にとってヤンガー・ジェネレーションwを紹介してくれたのも小夜子だ。ちなみにDJを始めたのは僕のおかげだって感謝されたことがある。トシちゃんがやってるの見て「あ、なんだああゆうのでもいいんだ！と思ったのよね。じゃなかったらやろうとも思わなかったもん」と言ってくれてた（いいんだか悪いんだかw）。そしてやるとなったら徹底的にやるのも小夜子で、DJとしてもかなりユニークで面白いスタイル、世界観を構築していた。「肉体だって着るものなのよ。死ぬってことは肉体っていう重いキモノを脱ぎ捨てて、精神だけふわっと飛翔することなのよ」とよく言ってたけど（究極のキモノだね）、そのような世界観を音に表わしたみたいな過激で不思議な浮遊感のあるDJだった。今や肉体というキモノを脱ぎ捨て自由になった小夜子のスピリットが多次元宇宙5次元—11次元と地球のある宇宙を行き来してるのでは？と想像している。
　　　　　　　　　　　　　　　　　（なかにし・としお＝ミュージシャン）

1970 年代半ば頃

1978 年　撮影：小暮徹

年代不詳　撮影：藤井秀樹

1974 年頃

1980年前後　撮影：久米正美

年代不詳　撮影：横須賀功光

年代不詳　撮影：横須賀功光

イッセイ ミヤケ、「馬の手綱」を着た小夜子。
1975 年　撮影：横須賀功光

イッセイ ミヤケ、「ムササビ」を着た小夜子。
1976年　撮影：横須賀功光

イッセイ ミヤケを着た小夜子、『ヴォーグ』フランス版、1982 年 11 月号。
「日本特集」のためのショット。撮影：横須賀功光

イッセイ ミヤケ、「Big T とパッチ」を着た小夜子。
1976年　撮影：横須賀功光

ヴァレンティノを着た小夜子、『ヴォーグ』イタリア版、1984 年 12 月号。
撮影：横須賀功光

『ヴォーグ』イタリア版のためのショット。

1983年　撮影：横須賀功光

やまもと寛斎、1981-82 年秋冬コレクション、イメージ・パンフレットより。
撮影：横須賀功光

やまもと寛斎、1981-82 年秋冬コレクション、イメージ・パンフレットのためのショット。

撮影：横須賀功光

小夜子によるヘア＆メーキャップ・デザイン画。
やまもと寛斎、1979-80年秋冬パリ・コレクションのために。

小夜子によるイメージ・イラスト。
東京で開催された『79年春夏やまもと寛斎パリ・コレクション：幻想の帝国』のポスターに使われた。1978年

やまもと寛斎『AMAZON』招待状
イラスト：大西洋介
1979 年

着物ブランド京朋のカレンダーのためのショット。
AD を横尾忠則、衣装を三宅一生、ヘア＆メーキャップを川邊サチコが担当。
1976 年　撮影：横木安良夫

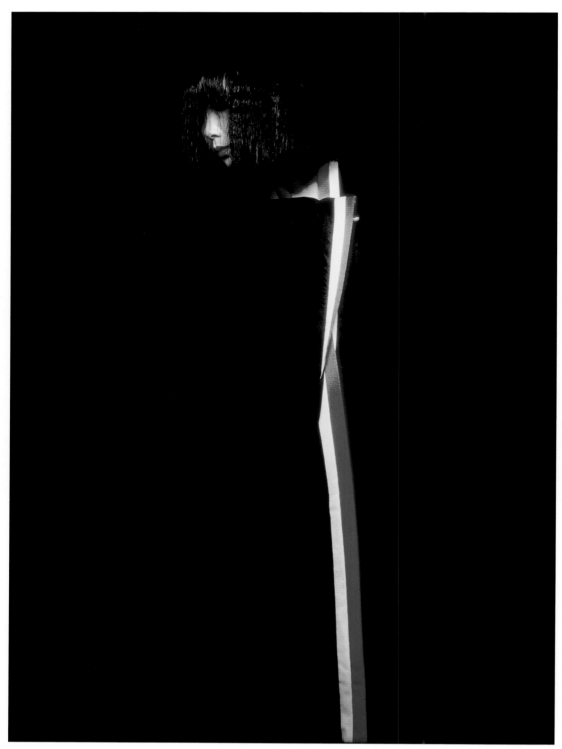

スティーリー・ダンの代表作『彩（エイジャ）』のアルバム・ジャケットに使われたショット。
1977年　撮影：藤井秀樹

スティーリー・ダンの日本編集版ベストアルバム『スティーリー・ダン』のアルバム・ジャケットのためのショット。
1978年　撮影：藤井秀樹

ペーター佐藤《けんきち描く小夜子》　1975 年
小夜子と親交の深かった佐藤は、何回か彼女をモデルに描いている。

池田満寿夫《SAYOKO の肖像》 1978 年 ドライポイント、アクアチント
小夜子は、デッサンの教則本『アート・テクニック・ナウ 池田満寿夫の人物デッサン』（1977 年）で池田作品
のモデルを務める。この作品はその翌年に制作され、1995 年に大幅に加筆して出版された増補版に収録された。
山口小夜子旧蔵。

FAÇADE

雑誌『ファサード』でのミック・ジャガーとの２ショット。
1977年　撮影：ピエール・アンド・ジル

N° 5　8 F　NEW YORK $ 3　LONDON £ 1.50　ROMA L 2000　TOKYO 1200 YEN

22　　SAYOKO. COMBINAISON ET BRACELETS THIERRY MUGLER. POTAGE CHEZ «TCHO-TCHO» RUE SAINT HONORE.

『ファサード』より、ティエリー・ミュグレーを着た小夜子。
1978年　撮影：ピエール・アンド・ジル

エンリコ・コーベリの広告。
1977 年

ケンゾー、
1982-83 年秋冬パリ・コレクションより。
撮影：大石一男

ケンゾー、
1983年春夏パリ・コレクションより。

ティエリー・ミュグレー、
1982年春夏パリ・コレクションより。

シャネル、
1982-83年秋冬パリ・コレクションより。
撮影：大石一男（4点とも）

イヴ・サンローラン、
1983-84年秋冬パリ・コレクションより。

ケンゾー、1983-84 年秋冬の広告キャンペーン。

ケンゾーの武道館でのショーのための演出用写真。
1985年　撮影：大石一男

「そのまま！　動かないで！」

という声と一緒に

一つ目のストロボの光が

眩しく炸裂するのをきっかけに

マリア・カラスのアリアが

水の中にこぼした墨汁のように漂う

スタジオの闇の奥から

シャッターの音が

立て続けに聞こえ始める

第 2 章　　美をかたちに　──　資生堂と小夜子

　小夜子は 1973 年から 1986 年まで、資生堂のモデルとして専属契約を結び、「美」の普遍的イメージを国内外に発信していくことになる。1973 年の『シフォネット』ポスターは、ハーフモデル全盛の時代に、黒髪おかっぱのいかにも「日本人らしい」モデルの登場を鮮烈に印象づけた（p.101）。資生堂はこの後、欧米へのコンプレックスを脱した「日本の美」の提案に、小夜子のキャラクターを起用していく。白い肌に切れ長の眼の美しさを作り出す繊細なアイライン、高い位置のチーク、くっきり縁取った赤い唇という「小夜子メーク」は、資生堂のアーティスト富川栄らとの仕事の中で完成されていく。また、写真家横須賀功光と資生堂のアートディレクター中村誠のコンビによる『京紅』や、『禅』『すずろ』『琴』『錦』『舞』といったオリエンタルな香水のポスター（pp.103-105、109、111）は、中村の代名詞である大胆なトリミングが冴えたポスター史に残る重要な作品群である。
　本書および展覧会の冒頭を飾る 1974 年横須賀撮影『ベネフィーク』雑誌広告のためのショット（pp.1-27）は、スタイリングを担当したコシノジュンコが、小夜子のイメージを膨らませ、舞台設定も含めて熱のこもった仕事をしており、奔放な新しい時代の女性像を投げかける。小夜子の強いまなざし、決定的なポーズを捉えたこれらの写真からは、写真家とモデルとの一騎打ちというべき現場の気迫も伝わってくる。

「影も形も　明るくなりましたね、」目。

資生堂シフォネット
パウダーアイシャドウ：6種・新色1種追加・各2,000円

お目ざめ いかが？

夜の肌のお手入れが、みずみずしい朝の肌をつくります。

資生堂クインテス
マッサージクリーム───── 1,500円

『クインテス』ポスター。
102　1974年　AD：犬山達四郎　撮影：大西公平

かざらない唇ほど美しい。資生堂[京紅]

12,000円

清らかな香りほど妖しい。資生堂香水［禅］
9,000円

香水『禅』ポスター。
104　　1978年　AD：中村誠　撮影：横須賀功光

恋がつもって咲かせたかほりは何色ですか ◎資生堂香水［すずろ］

50,000円

香水『すずろ』ポスター。
1981年　AD：中村誠　撮影：横須賀功光　　*105*

『リバイタル』ポスター。
106　1981年　AD：安原和夫　撮影：横須賀功光

淡い雪、とけてゆく音

資生堂リバイタル
クリーム　18,000円・10,000円

『リバイタル』ポスター。
1981年　AD：安原和夫　撮影：横須賀功光　107

慎しみ深いひとの肌に
ほら、あでやかな艶が。

資生堂リバイタル
ファウンデイション 5色 各10,000円

『リバイタル』ポスター。
108　1982年　AD：中村誠　撮影：横須賀功光

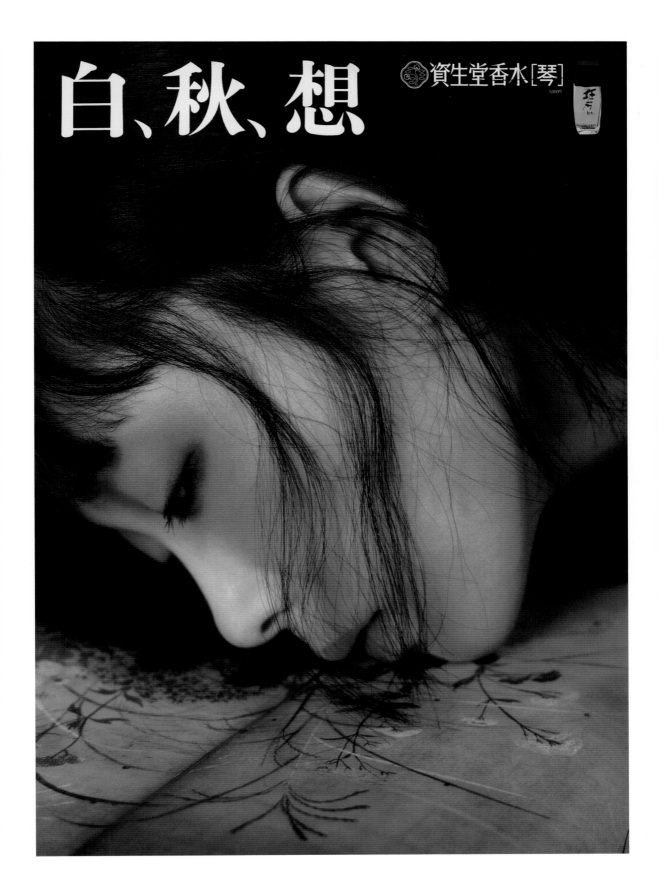

白、秋、想

資生堂香水[琴]
1,000円

香水『琴』ポスター。
1982年　AD：中村誠　撮影：横須賀功光　109

私が小夜子に触れたのは、すでに東洋のミューズとして世界のトップモデルとして活躍していた1977年。資生堂がメーキャッププロモーションと連動して高田賢三コレクションを東京で開催したときだった。私は小夜子のオーラに圧倒され緊張していた。ヘアを担当した。小夜子の前髪のブロー「浮かないようにね」の静かなひと言が今も聞こえてくる。

　私は資生堂のヘアメークとしてメーキャップブランドの撮影、男性化粧品のTACTICSの海外ロケに加え、1978年からはパリ・コレクションに参加し、仕事に夢中になっていた。

　そんな70年代後半から80年代に、小夜子に操られるようにクリエイティヴで濃密な世界を共有した。

　初めてのパフォーマンスは舞踏家麿赤児さんと太鼓の林英哲さんの舞台。小夜子は水平のアイラインに静かな動き、3人のコンビネーションが衝撃的だった。ハンス・ベルメールの関節人形。不思議な気持ちで小夜子に借りた写真集を見た。私は山海塾の舞台をパリですでに観ていた。小夜子がそこに飛び込んだ。山海塾と勅使川原三郎さんとのパフォーマンス。違う小夜子がいた。集中力と表現力。小夜子は鋭敏な嗅覚で自分が欲する興味に向かって正直に行動し、あらゆるものを吸収し自分のものにしていった。自分を貫くところと求められることにすっと応える柔軟さとバランスが素晴らしい小夜子だった。

富川栄

　小夜子の髪は漆黒のオカッパ、むき卵のようなきれいな素肌、鼻筋の通った小ぶりな鼻、そして、実は目はクリッと丸かった。

　小夜子の代名詞になった切れ長の目、神秘的なまなざしは前髪と目もとのメーキャップ法で生まれていった。小夜子と戦いながら描くアイライン。私は小夜子のアイラインで無限の可能性を知った。1ミリのIN・OUT。長い・短い、細い・太い、上げる・下げる・水平で変わる。その駆け引きによって小夜子のまなざしが優しくも激しくもミステリアスに変化し、メーキャップした顔に魂が入っていく――忘れられない――視線、歩き方、佇まいが全身から変わっていく。小夜子から私ならではのアイラインがあると言われたこと――自信になった――パリコレでも「小夜子の切れ長の目にしてほしい」と青い瞳の丸い目のモデルにせがまれた。小夜子は服を纏いステージに立つとまわりの空気まで変えてしまうほどの圧倒的な美しさと存在感で、鳥肌が立った。

　小夜子と作品を作るとき、小夜子のイマジネーションに私のヘア、メーキャップのアイデアをぶつける。小夜子に挑んでいる自分がいた。その一体感が楽しかった。

　撮影写真はいつも横須賀功光さんと小夜子と私と3人でタッグを組んだ。

　資生堂『リバイタル』の広告では、見えない眉もストレートに長めに描いた。自信あふれる小夜子のまなざしが商品をリッチに体現してくれた。

　写真集『小夜子』や『ル・キモノ』での沢田研二さんとの撮影では、着付けの江木良彦さん、小夜子、横須賀さんと「あ・うん」の呼吸でヘア&メーキャップの大胆な挑戦をした。

　資生堂と小夜子の専属契約期間は1973年から1986年の13年間だった。しかし彼女はその後も資生堂でのイメージを守り続けてくれた。他からも話があったことを打ち明けてくれたとき、「資生堂が小夜子を育ててくれたから契約をしなかった……」と。

　SABFA（Shiseido Academy of Beauty & Fashion）のプロのヘアメークを目指す学生に「元気や自信を与えてくれる尊い仕事よ」とエールを送ってくれた。

（とみかわ・さかえ＝資生堂ビューティークリエーション研究センターシニアビューティーディレクター、*SABFA* 校長）

ほのかな香りほど悩ましい。✦資生堂練香水［舞］

2,500円

練香水『舞』ポスター。
1978年　AD：中村誠　撮影：横須賀功光

「LE FEUILLAGE」『モイスチャー・ミスト』ポスターから派生した作品。
1981年　制作：セルジュ・ルタンス　Created by Serge Lutens

セルジュにメイクをしてもらっていると、表面がしだいに凍りつくように固まっていく感じになります。血も止まり、筋肉も固まり、ちょうど、ジャン・コクトーの映画『詩人の血』の中に出てきた石膏の人形に私自身がなったような気持ちがしてきます。

セルジュ・ルタンス
小夜子との仕事を長らく切望していたセルジュ・ルタンスは、ディオールのイメージ・メーカーであった時代から、条件に縛られない自身の作品集で彼女とのコラボレーションを始めている（pp.115-117）。資生堂の海外向けイメージのための契約を1981年に結んで以降は、小夜子とともに『モイスチャー・ミスト』の美しいポスター群を生み出している（pp.112-114）。完璧な美意識に基づき、ヘア＆メーキャップはもちろんのこと、撮影のセッティング、衣装や小道具のデザインと制作、演出、撮影、商品のパッケージ・デザイン、色彩設計まですべてを一人で手がけるルタンスの仕事は、モデルにとっては非常な忍耐を要求される過酷なものであったというが、小夜子はそれを楽しみながらこなしたようである。古今東西のモチーフを引用しながら独自の世界を築き、小夜子と美意識を共有していたルタンスとの仕事は、彼女が資生堂を離れた後も、1990年の京都丸紅のためのポスターで続けられることになる（p.163）。

「LE CORAIL」と名付けられた『モイスチャー・ミスト』ポスターから派生した作品。
1981年　制作：セルジュ・ルタンス　Created by Serge Lutens

セルジュ・ルタンス《眠れる薔薇よ、おまえの棘は私を殺す。》1980年
Created by Serge Lutens

セルジュ・ルタンス《Sayoko》1981 年
作品集『L'ESPRIT SERGE LUTENS』より。　Created by Serge Lutens

雨ふる日の夜は、ベネフィークでしめやかに終ります。

そのベネフィークは、雨あがりの風みたいな感触。

『ベネフィーク』雑誌広告。カラー全盛の時代にモノクロの広告は新鮮な印象を与えた。

1974年　AD：中村誠　D：天野幾雄　スタイリング：コシノジュンコ　コピー：小野田隆雄　撮影：横須賀功光

企業 PR 誌『花椿』1973 年 8 月号。
横須賀功光とのはじめての仕事。

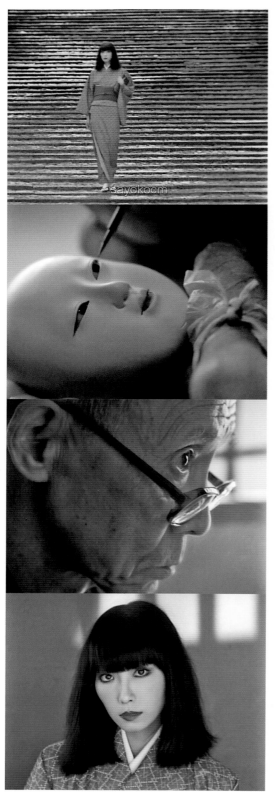

『ベネフィーク』CM。
1975年
CAD：中村誠　PL：中尾良宣　撮影：横須賀功光

『ベネフィーク』CM。
1976年
CAD：中村誠　PL：中尾良宣　撮影：横須賀功光

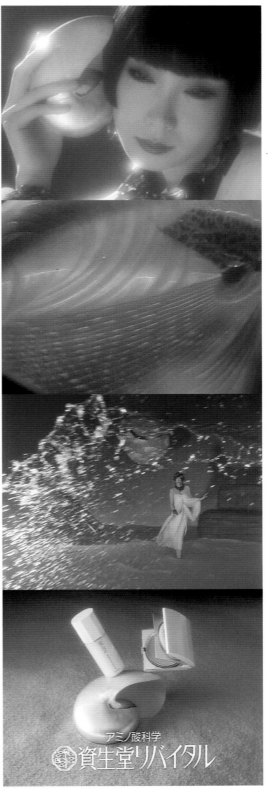

『リバイタル』CM。
1985 年
CAD：中尾良宣　Pl：今野陽次・横須賀功光　撮影：横須賀功光

『リバイタル』CM。
1985 年
CAD：今野陽次　Pl：中村誠・横須賀功光　撮影：横須賀功光

横須賀さんは、つねに空間に漂う「気配」を求めていたように思います。「気配」を切り取りたかったのだと思います。目に見えるものを超越した「気配」を感じたときにシャッターを押しているのだなと思うことがよくありました。（…）山口小夜子という存在がふっと消えて、光と影のなかで余韻だけが残るような瞬間がある、そのときにシャッターを切る音がしました。私自身にもわかる瞬間でした。

横須賀功光

小夜子の最も多くの瞬間を捉えた写真家、横須賀功光。最初の仕事は、『花椿』1973年8月号の表紙（p.119）で、眼に異物を入れるという過酷な要求に動じない彼女に横須賀が興味を持ったことが、その後の長いコラボレーションと、資生堂からの本格的なオファーにつながった。イッセイ ミヤケ、やまもと寛斎、ヴァレンティノなどのファッション写真から、資生堂ポスターに使用されたほとんどの写真、写真集にまとめられた作品写真など、異なる領域を跨ぎながら展開した横須賀と小夜子の仕事は、写真家の最晩年、世代をつなぐ目的で小夜子が宇川直宏を巻き込んだプロジェクトまで続くことになる（pp.166-167）。

　1983年の写真集『小夜子』（pp.130-137）は、陰影深い空間にたたずむ小夜子がほのかな狂気とエロスを漂わせ、退廃的な日本の美の世界を体現しているもので、横須賀の真骨頂であると同時に、着付けの江木良彦、メークの富川栄、衣装の山本寛斎ら、小夜子の周辺に集まったクリエイターたちのコラボレーションの結晶と言える作品である。

『流行通信』1981 年 12 月号に掲載されたショット。
撮影：横須賀功光

龍安寺の降り竜の前で。『流行通信』1981年12月号。撮影：横須賀功光

龍安寺の昇り龍の前で。『流行通信』1981 年 12 月号。撮影：横須賀功光

目黒雅叙園にて、君島一郎デザインの服を着た小夜子。『ヴォーグ』イタリア版、1979年10月号に掲載されたショット。
撮影：横須賀功光

『流行通信』1981 年 12 月号に掲載されたショット。
撮影：横須賀功光

横須賀功光『小夜子』より。1983 年

横須賀功光『小夜子』より。
1983 年

横須賀功光『小夜子』より。
1983 年

横須賀功光『小夜子』より。
1983 年

松岡正剛　浮世の「かけら」と「あわい」

あのね、しょっちゅうお墓で遊んでいたの。一人で？　そう一人。横浜の外人墓地の近くのことだ。ぼくも高校時代からしばらくその近くに住んでいた。どうしてあんなにファッションに夢中になれるの？　いっぱいスクラップしてたから。どんなブラウスでもリボンでも、みんな細かいところまで、おぼえたの。そのスクラップブックのうちの一、二冊を見せてくれたことがあったが、雑誌や新聞やパンフレットの切り抜きが所狭しといっぱい貼ってあった。小夜子はそういう少女時代をおくっていたのだ。

小夜子という奇蹟のような存在を、いったいどうしたらぼくたちは説明できるというのだろう。何度も小夜子と公開対談し、小夜子を世界に送り出した本木昭子ともさんざん話してきたけれど、どれもこれも小夜子の説明には役に立たなかった。

その人がいなければ、どうしてもその人がもたらしたアウラが説明できないということは、しばしばある。哲学や絵画ならば文章や作品がのこるのでなんとかなるのだが、パフォーマティヴな気配はその存在自体が発揚しているものだから、写真や映像にのこっているくらいでは伝えられない。きっと出雲の阿国やイサドラ・ダンカンが、ワツラフ・ニジンスキーやアントナン・アルトーが、そういうオートポイエーシスな存在だったのだろうと思う。ぼくが出会ってきた例では武原はんや土方巽がそうだった。何度も踊りを見たし、何度も出会ってそこそこ話してきたのに、いざ別の場所でその魅力がもたらす感興を語ろうとすると、途絶えていくものがあった。

小夜子にも人を途絶えさせる魅力が秘められていた。小夜子自身はひたすらあてがわれた仕事に熱中していただけなのだろうが、そこに居合わせた者は、そこにいま生まれ出ずるものを浴びてしまうのだ。摑まえようとすると、どこかに途絶えていく。小夜子を撮りつづけた横須賀功光が言っていた、「小夜子を撮るときはこれだなってところまで撮るんだけれど、写っているのはそれ以上なんだよね」。

アウラなどという一言ではあらわせないが、でも小夜子からしか出てこないアウラなのである。日本ではこれを「影向」とも言った。小夜子はいつだって白拍子のような影向を見せてくれていた。おそらくはその奥にあるのは「少女」であろう。樋口一葉、尾崎翠、野溝七生子、森茉莉、矢川澄子、萩尾望都が知っている、あの少女だ。そうだとしたら、われわれの出る幕はない。

一方ぼくは、小夜子が「街」や「世」をつぶさに観察しつづけたことにも関心がある。小夜子の重ね着は世界一のセンスであったけれど、そのもともとは「街」や「世」から零れ落ちつつあったもので、小夜子はそれを丹念にアッサンブラージュしていたのだった。浮世の「かけら」と「あわい」をリミックスし、モードエディティングできるのが小夜子だったのだ。

小夜子が亡くなってしばらくして、ぼくたちは築地本願寺で偲ぶ夜を開いた。ぼくは二晩かけて「さよなら、さよこ」の大きな垂れ幕を書いた。何度書いても、何かが途絶えそうだったよ。

（まつおか・せいごう＝編集工学研究所所長）

横須賀功光『小夜子』より。
1983 年

横須賀功光『小夜子』より。
1983 年

舞台は、モデルとして仕事を始めたのとほぼ同時くらいから活動していた私の根っこにあるものです。それも、女優としてではなく、裏方のクリエーターとして何かやっていきたいと長い間思っていました。

第 3 章　　　新たな舞台へ ── 演じる、舞う、着せる小夜子

　　モデルとしての活動の傍ら、小夜子は舞台および映画女優としてのキャリアを早い時期から開始している。寺山修司演出の『中国の不思議な役人』（1977年）の稽古で天井桟敷のメソッドに触れ、飛躍的に表現の幅を広げた後、翌1978年には映画『杏子』、1981年には重延浩演出による半自叙伝的舞台『小夜子：山口小夜子の世界』（1980年）で主演を務める。演出家佐藤信の舞台『忘れな草』（1986年）、国際エミー賞ほかを受賞したNHK音楽ファンタジー『カルメン』（1989年）、結城座公演『ペレアスとメリザンド』（1992年）など、幻惑的な「宿命の女」の系譜も忘れがたい。

　　一方で、舞踏やダンスの分野にも挑戦していく。1986年には山海塾のメソッドを学び、横須賀功光の撮影による『月　小夜子／山海塾』で共演。1987年には、勅使川原三郎／KARASとのコラボレーションを始め、以後ダンサーとして、1996年頃まで世界ツアーも含めて彼らと活動をともにする。また、音楽や舞、ファッションが一体化した壮麗な舞台の出演者としても、林英哲、山本寛斎、和田勉、毛利臣男、天児牛大らとコラボレーションを行なった数多くの仕事がある。

　　さらに、クリエイターとしても舞台の意匠を数多く担当。自らも出演した天児牛大演出のオペラ『青ひげ公の城』（1997年）で衣装デザインを担当したほか、フランス・リヨン国立歌劇場で初演された天児演出のオペラ『三人姉妹』（1998年）の衣装デザインや、2004年の佐藤信演出のふたつの舞台、『リア王の悲劇』の衣装デザイン、結城座公演『夢の浮橋～人形たちとの〈源氏物語〉』の人形デザインおよび人形遣いのスタイリングなどの仕事がある。

△山口小夜子の世界

小夜子

PARCO 西武劇場

初の主演舞台『小夜子：山口小夜子の世界』のパンフレット。
第1部は小夜子が自身を演じる半自叙伝、第2部は山本寛斎デザインの服によるショーという構成だった。1981年

寺山修司と
少女時代、寺山の詩を愛読していた小夜子にとって、彼との仕事は大きな転機となった。PARCO 西武劇場で上演され
た、寺山にとっては最初の商業演劇『中国の不思議な役人』にて、小夜子は魔耶という名の幻惑的な娼婦を演じた。
1977 年　作・演出：寺山修司　衣装：コシノジュンコ　ヘア＆メーキャップ：川邊サチコ　共演：伊丹十三ほか

寺山が監督した映画『上海異人娼館　チャイナ・ドール』にて。
1920 年代の繁栄と革命が相半ばする上海を舞台にしたエロティックな
物語の中で、小夜子は聾唖を装う屈折した娼婦を演じた。1981 年

山口小夜子さんとの接点は、長きにわたり、彼女の活躍が多面的であったため、たくさんありすぎて、まとめることがなかなか難しいです。

　ここではその中から共同作業としてのオペラに関して触れたいと思います。

　小夜子さんには、1997年のオペラ『青ひげ公の城』（東京国際フォーラム）では、女優として舞台に立つほかに衣裳デザインを担当していただきました。そして1998年にリヨン歌劇場で世界初演したペーター・エトヴェシュ作曲によるオペラ『三人姉妹』では、衣裳とヘア＆メークのデザインをお願いしました。

　話をもちかけると、迷っていましたが、やると決めてからは、すぐにプランやデザイン画をみせてくれました。長い逡巡から、いきなり決意に変わり、そこから突き進んでいく。これが彼女の仕事に対する姿勢です。

　彼女ならば舞台衣裳デザインを絶対できると思いました。なぜなら、彼女自身がそれまで舞台に立つ側として、衣裳をまとうということがどういうことなのかをよくわかっていたからです。衣裳を作る過程や、作る人の発想、そして舞台での立ち位置などをもよく理解している人だったからです。

　オペラ『三人姉妹』の役柄を大別すると、三人姉妹の女性たち、民間人、軍人です。衣裳については、小夜子さんと話した中で、役柄に応じて、布、紙、それと布にペインティングしたもの、と三つの素材を使おうと決めました。

　普通、衣裳は完璧に作って舞台に出ます。ですが、小夜子さんは、衣裳が作られていく過程、たとえば衣裳のフィッティングの過程や縫製の途中の過程など、完成品の手前の状態あるいは完成品が着られてから汚れた状態も含めて、衣裳として舞台上に成立させたい、という方向で進めてくれました。また、このオペラでは男性カウンターテナーが女性役を演じるのですが、衣裳は、女性性を説明するものではないものにという形でやってくれました。

　舞台美術（中西夏之氏による）の紗幕が白、さらに透過性があることから、その前に立ったとき、あるいは包まれたときに、衣裳が背景に溶けてしまう……あるいはそこから引き離された状態でその人が空間にうまく立てるのか……という問題がありました。衣裳の色合いやマチエールに光の反映も加わり、衣裳の見え方は変わってきます。小夜子さんとはそういったことを何度も話し合いながら決めていきました。

天児牛大

　現場に入って時間を経ていけばいくほど、衣裳や靴まで製作したリヨン歌劇場の衣裳工房（クチュリエ）と小夜子さんのコミュニケーションは非常に緊密になっていきました。メークに関しても、男性歌手たちがメークするわけですが、その人の個性をうまく立てる形で、カウンターテナーたちを見事に誘導していました。私は、そういうことがうまくできるタイプではありません。感謝です。

（あまがつ・うしお＝山海塾主宰）

山海塾／天児牛大と

1986年、モデルとしての活動に区切りをつけるようにして、小夜子は舞踏グループ・山海塾の世界に飛び込み、横須賀功光による撮影で、写真集と映像作品『月　小夜子／山海塾』が生み出された。山海塾の主宰である天児とは、パフォーマーとしてだけではなく、衣装などの裏方の仕事でも共に活動し、晩年まで交流が続いた。

横須賀功光『月　小夜子／山海塾』より。
1986 年

天児牛大が演出したバルトーク作曲のオペラ『青ひげ公の城』に3人の女の1人として出演。
衣装デザインも手がける。
東京国際フォーラムにて。1997年

同じく衣装デザインを担当した、天児演出のオペラ
『三人姉妹』。出演者が全員男性である中、女性ら
しさを引き出すよう髪を頬にたらすなどヘア＆メー
キャップも工夫した。
フランス・リヨン国立歌劇場で世界初演。1998年

小夜子による『三人姉妹』のためのデザイン画。1998 年

勅使川原三郎／KARASと

1987年、旧汐留駅跡のアート・イヴェントで上演された『月の駅』は、小夜子からの提案で始まった最初の共演である。撮影：篠山紀信

以来、勅使川原および彼が主宰するKARASとともに、世界ツアーも含めて1990年半ばまで共に活動を続けた。その中には、勅使川原の映像作品『T-CITY』の出演や、『石の花』『NOIJECT』などの代表作も含まれる。

KARAS ダンス・パフォーマンス『夜の思想』(構成・演出・振付:勅使川原三郎) に出演。
スタジオ 200 にて。1988 年

KARAS ダンス・パフォーマンス『石の花』のためのスチール。
1988 年　撮影：荒木経惟

『石の花』の舞台写真。
1988年　撮影：荒木経惟

結城座と

江戸時代から続く糸あやつり人形劇団である結城座とは、いずれ
も佐藤信の演出で、2度活動に参加している。最初の仕事である
『ペレアスとメリザンド』では、小夜子は人形たちに混じり、時
にそれを自ら操りながら宿命の女メリザンドを演じた。1992年

意匠を担当した『夢の浮橋〜人形たちとの〈源氏物語〉』では、通常は黒
いあやつり糸の色を、白と血管を表わす赤にし、人形遣いとの関係を際
立たせるなど、斬新なデザインの人形を生み出した。2004年

154

小夜子による『夢の浮橋〜人形たちとの〈源氏物語〉』のための人形デザイン画。2004年

佐藤信と

演出家、佐藤信とは、本格的に舞踏や舞台の活動を始めた80年代半ばから晩年に至る
まで、長きにわたって活動を共にした。最初の仕事は、フランク・ヴェデキントが描い
た宿命の女「ルル」の物語を大正時代を舞台に翻案した『忘れな草』。1986年

男を惑わす希代の美女を、坂東八十助（当時）を相手に演じたNHKの制作による佐藤
演出、池辺晋一郎の音楽による映像音楽ファンタジー『カルメン』は、イタリア賞や
国際エミー賞に輝くなど国際的にも高い評価を得た。1989年

佐藤信が演出・美術を手がけた『リア王の悲劇』では、小夜子は意匠を担当した。ロック・スター
から民族衣装まで、古今東西の服のイメージを自由にリミックスし、シェークスピア劇をエキゾ
チックなスペクタクルへと塗り替えた。インドの布を貼り合わせた豪華なマントに、ビールの空
き缶をリメイクしたアクセサリー（p.179）などを合わせるセンスも小夜子ならでは。
世田谷パブリックシアターにて。2004 年

ゴネリル

リーガン

小夜子による『リア王の悲劇』のためのデザイン画。
2004 年

毛利臣男と

ファッションショーの演出やスーパー歌舞伎の装置・衣装デザイン等で知られる毛利臣男とは、70年代のパリ・コレクションから、ファッションとダンスが一体となった『モーリ・マスク・ダンス』まで、多くの仕事を残している。

彼が美術監督を務め、有名無名を問わず創造する人々とのコラボレーションをテーマとした展覧会シリーズ『モーリの色彩空間』にも小夜子はたびたび参加し、その集大成として、50人のデザイナーが彼女に捧げた衣装が、毛利デザインの小夜子ボディを彩る『モーリの色彩空間：小夜子』が開催された。2001年

毛利臣男が芸術監督を務めた詩劇『アマテラス』はロンドン、ドルリー・レーン王立劇場で上演された。
日本の神話とシェークスピア劇が入れ子状に展開する世界。共演の加藤雅也と。2001年

小夜子がデザイン、コーディネートした京都丸紅の着物ブランド『そしてゆめ』宣伝用写真より。
1989 年　撮影：藤井秀樹

自身のブランドを持ち、靴やバッグなどファッション小物のデザイン、プロデュースも数多く行なった小夜子だが、中でも
着物の制作には力を入れ、ブランドのイメージ・キャラクターからデザインへと仕事の幅を広げている。セルジュ・ルタン
スによる『そしてゆめ』ブランドのポスターのためのショット。
1990 年　Created by Serge Lutens

私たちは、生まれたときから洋と和が混在している文化の中で生活していますが、細胞の中には必ず"日本的なもの"が存在していると思うのです。これは、現在でも私の中の大きなテーマになっています。今、新しく"蒙古斑革命"というプロジェクトを始めているんです。蒙古斑はアジア人特有のもの。

第 4 章　　オルタナティヴな未来へ ── 21 世紀の小夜子

　着物をまとい、たおやかな理想の女性を演じる一方で、小夜子は、例えば 1977 年の時点で、ロンドン・キングスロードの動向やパンク・ムーヴメントについて中西俊夫らと雑誌で情報交換するなど、新しいもの、オルタナティヴなものに対する強い感受性を持っていた。2000 年代に入った晩年の数年間は、彼女のそうした側面が遺憾なく発揮された、最も自由な時間だったはずである。クラブカルチャーを舞台に DJ としての活動を始め、2002 年には藤乃家舞（CDJ、ミキサー、FX 担当）、宇川直宏（VJ 担当）と「SUNZU」を結成。音楽活動としては、後にラッパー A.K.I. PRODUCTIONS とも電子音楽のライヴを行なっている（DJ、ミキサー、声を担当）。2003 年からは、映像作家、VJ として活躍していた生西康典、掛川康典と、舞、ファッション、音楽、映像、朗読などが一体化したパフォーマンスを展開。山川冬樹ら若い世代のパフォーマーたちとも積極的に共演する。これは晩年「ウェアリスト（着る人）」を名乗った彼女の、映像や音楽、空間を「着る」という独自の表現の完成を示していた。2007 年には、生西、掛川と自身の主演映画を共同監督する予定だったが、この計画は彼女の突然の逝去で断たれることとなる。
　一方、2005 年から写真家高木由利子と雑誌で連載した「蒙古斑革命」は、彼女が興味を持つ世代を超えた表現者たちにインタビューしていくもので、諸文化の混合した現在の日本を、自らのありのままの出自として受け止める人々の連帯がここに示されている。「日本なるもの」を再定義するような試みによって、小夜子は、かつて「ファッション界の日の丸」と呼ばれた自らの半生をも、あるべき姿へと書き換えていたのかもしれない。

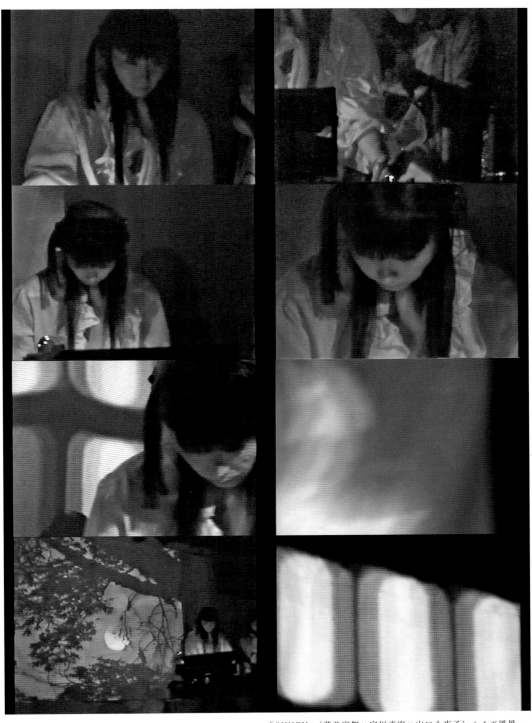

「SUNZU」（藤乃家舞×宇川直宏×山口小夜子）ライヴ風景。
恵比寿にあったスペース「MILK」にて。
2002年

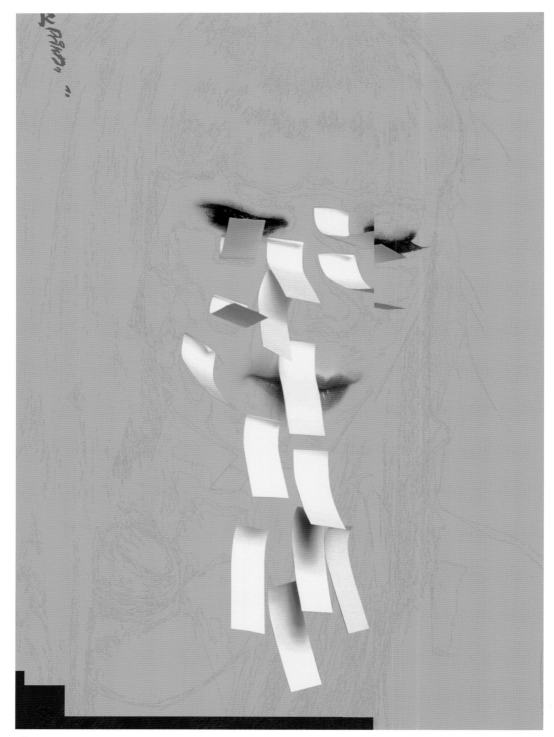

『SAL MAGAZINE』Vol.4 より。
2002年　AD：宇川直宏　撮影：横須賀功光
世代をつなぐ目的で小夜子が横須賀と宇川を引き合わせ、実現した企画。この撮影を皮切りに、彼女の肌
をすべて撮影・スキャニングし、一人の人間をすべてデータ化することを企図していたが、翌年1月の横
須賀の逝去により未完に終わった。付箋はカメラが捉えるポイントを示している。

『六本木クロッシング：日本美術の新しい展望　2004』展に出品された
生西康典＋掛川康典《H.I.S. Landscape》を前にしたスチール。
森美術館にて。2004 年

生西康典

　小夜子さんに子供の頃の想い出を聞いたことがあります。幼年時代、家の近所を通って行った神社の祭事の行列の光景。それが彼女が美しいと意識した最初のもの。僕の曖昧な記憶ではありますが、それは天照大御神を模したものだったのではないかと思います。それを聞いて、僕は、やはり、この人は最初から「山口小夜子」だったのだと思いました。僕は掛川康典さんと小夜子さんとのチームで2003年から舞、朗読、映像による舞台を行なってきました。毎回、新しい実験の繰り返しで、純粋に表現のことだけに集中していました。ほとんど記録も残さず、終演後考えるのは次のことだけ。それを見かねて手を差し伸べてくれたのが白尾一博さんで、小夜子さん主演で3人で監督する劇映画の制作が正式に決まったのは亡くなるほんの少し前でした。小夜子さんは映像を背景に舞っているのではなくて、私は映像を着ているのと言っていました。「雨だって風だって何でも着られるの」と。自分自身の信じる道を一心に突き進んだ小夜子さん。彼女は本当に努力を厭わない人でした。僕はもう、あれほど可愛らしくて、自分に厳しくて、嘘みたいに心が澄んだ美しい人に出会うことはないでしょう。今頃、小夜子さんは太陽か、月でも纏って宇宙で舞っているのでしょうか。彼女に会えなくなってから、僕は真剣に「美」について考えるようになりました。永遠に手の届かない、その憧れこそが、自分にとっての「美」なのかもしれません。

　——と『スタジオボイス』の最終号である2009年9月号に追悼文を書いてから5年半が経った。逝去して今年で8年目である。小夜子さんが亡くなってから、みんな何かやりたいと思いながら、ただただ時間は過ぎていったが、一昨年の七回忌に集まったときに、今回の東京都現代美術館での展覧会の話が誰からともなく出たのだった。まるで蝉が長い時間を経て、地上に出てきて羽化するかのように、それがあたかも自然に決められていたことであったかのように。

　小夜子さんが亡くなった年の9月19日、彼女の誕生日に築地本願寺の本堂で「山口小夜子さんを送る夜」が開催された。そのとき、彼女が生きているときの舞台と同じように、小夜子さんのシルエットの映像を流し、彼女の朗読する声を流した。そのとき、そこに小夜子さんがいると確信していたので、悲しいとは思わなかった。小夜子さんが常々「生西くん、掛川くん、わたしたちはチームだからね」と言っていたチームによる最後の公演だった。

　果たして、僕らは小夜子さんに再び出会うことができるだろうか。

（いくにし・やすのり＝演出家）

雑誌『ソトコト』誌上での連載「蒙古斑革命」のための撮影風景、高木由利子のスタジオにて。2005年
この場所に小夜子と高木が考える「エッジな人々」を招き、インタビューを行なった。小夜子が常に発した問いは「小
さい頃の遊びは何でしたか」。灰野敬二、伊東篤宏、山川冬樹、八木美知依、津村耕佑、松本俊夫、エキソニモ、永
戸鉄也、ヴィヴィアン佐藤、下村一喜、林英哲、UA、黒田育世、鈴木清順など世代もジャンルも異なる人々が登場。

小夜子を撮影するということ

異空間に入る

異次元に移動する

私も同行する。

多くの"間"と"動き"が巧みに絡み合い

小夜子ワールドが浮かび上がってくる。

それはとても不思議な体験。

小夜子はそこにいる。

そしていない。

かの女はもしかして、光の粒子でできているのかもしれないと、思う。

小夜子は身をゆだねる

水になる

水はどんな器に入っても、あらゆる形になるが水の本質は変わらない。

流動的でありながら、本質は変わらないという小夜子の哲学。

私たちの間には言葉はいらず、

撮影は無言のキャッチボールのように、滑らかに進む。

蒙古斑革命

ある日小夜子から電話があり、私たちは熱く語った。

東洋人である我々日本人の美意識をあらためて探り、

私たちのまわりにいる"格好いいエッジな人々との出

会い"を記録に残そうということになった。

そのプロジェクトを蒙古斑革命と名づけた。

小夜子がインタビュアーとなり、私が撮影を担当し

て、雑誌で2年間掲載した。

ウェブサイトで出会った無名な若者から、90代の映

画監督にいたるまで、

総勢32名の人に登場していただいた。

そのプロジェクトを通して、

彼女が人の能力を見いだす力

人の良い所を引き出す力

にたけていることに感動した。

（たかぎ・ゆりこ＝フォトグラファー）

**小夜子という
ひかりの粒子**

高木由利子

まとうひと

気をまとう

色をまとう

布をまとう

光をまとう

音をまとう

声をまとう

果てには

家具も家もまとうことができる、

と小夜子は言う。

まとうことで、

まとうものの一部になり

宇宙の一部になり

究極的には

宇宙そのものになる。

そして

小夜子は今なお

私たちをまといつづけている。

この肉体を持ってこの世に存在する

のは、

今世を最後にしたい。

ある夜、彼女はそう言った。

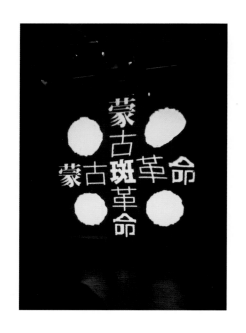

連載に登場した人々が一同に会し、作品展示や音楽、パフォーマンスを
繰り広げた『蒙古斑革命〜光と闇の夜〜』。小夜子は生西康典、掛川康典
の映像・演出のもと舞と朗読を行なった。2005年

『松岡正剛 連塾 2 第一講：数寄になったひと』でのパフォーマンス、『影向』。生西康典、掛川
康典の映像・演出により、谷崎潤一郎の『陰翳礼讃』を朗読した。2006年

山川冬樹

　手もとに小夜子が着ていた1枚のジャケットがある。彼女と背格好がほぼ同じだった僕は、よく"お下がり"をもらった。これもそんな"お下がり"うちの1着だ。色はモスグリーン、素材はナイロンで、フロントにはパンキッシュなシルバーのベルクロがあしらわれている。UNDERCOVER が 2000 年の春に出したものだが、いつも自分が着る服には高価、安価にかかわらず、容赦なく改造を施していた小夜子のこと。やはりこの服にも手が加えられている。ひときわ目を引くのが右胸に縫い付けられた、中西俊夫さんデザインによる、原子モデルのマークにキノコ雲、そして「NO」というメッセージが刺繍されたワッペンだ。

　生前の小夜子と原子力の問題についてきちんと議論した記憶はない。しかし少年期の三宅一生さんが、広島の爆心地近くに架けられたイサムノグチの平和大橋に感銘を受けてデザイナーを志した、というエピソードについては、何度も何度も聞かされたのを思い出す。その話を語って聞かせるとき、彼女の口ぶりには原爆を落とされ、何もかもが失われたこの国に自分もまた同志たちと共に歴史を積み重ねてきたのだ、という自覚がはっきりと感じられた。そしてそこには自分たちの意志を若い世代に受け継いでほしい、という熱い想いが込められていた。

　それを思うと、原発問題を真っ向から扱い、福島原発でロケが行なわれたことで、震災後に注目された映画『原子力戦争』(1978 年)に出演したことにも、彼女の明確な意志があったことが読み取れる。アラン・レネ監督の『ヒロシマ・モナムール（二十四時間の情事）』(1959 年)で主演をつとめた岡田英次が、一転して原子力の"御用学者"を演じてみせるこの映画は、今となっては福島の原発事故を予見していたかのような歴史的作品となったが、当時の小夜子はその場所で 33 年後に起こりうることをしっかりと見据えていた。仕事で人々に視られながら、小夜子の目はいつだって未来をみていたのだ。

　広島、長崎に原爆が落とされた4年後に生を受け、福島で原発事故が起きる4年前に他界した、そんな小夜子からみれば僕らは「未来」を生きている。しかし今の僕らにとって「未来」ということばはもはや「希望」と同義ではない。この国の未来を想うとき、漠然とした不安や絶望に苛まれるのはきっと僕だけではないだろう。もし小夜子が生きていたら今のこの時代について何と言うだろう。

　小夜子は"意志の人"だった。彼女が体現したすべての「美」には、その強靭な意志が貫かれている。少しでも彼女の人となりを知る人ならば、その並外れた意志の力を知っているだろう。意志とは「未来」を創りだす原動力である。だから彼女の全身から絶え間なく放出されていた、あの眩しいほどの意志の力こそが、今の僕らにとっては「未来」であり「希望」なのだ。

　だから僕は言いたい。「その人を見よ」と。肉体が失われた今も、彼女の意志は時を超えてそこにあり、未来をあきらめるな、と僕らに喝を入れ続けている。

（やまかわ・ふゆき＝美術家・ホーメイ歌手）

越後妻有トリエンナーレの会場として知られる「キナーレ」で開催されたイヴェント『Fantasia 炎』にて舞う小夜子。
共演は林英哲、山川冬樹ほか。2004 年

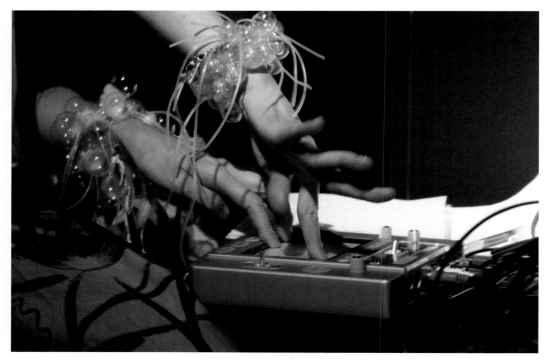

ラッパー A.K.I.PRODUCTIONS と組んだライヴ。
2005 年　撮影：高木由利子（上）
電子音楽と朗読を組み合わせた斬新な表現は、いとうせいこう、高木完、
ヤン富田のユニット「ナイーヴス」結成に影響を与えたという。

古着のYシャツをリメイクしてドレスに仕立てる
小夜子。NHK『おしゃれ工房』でも紹介された。
2005年　撮影：高木由利子

「空缶だって着られる」との言葉通り、
小夜子はさまざまなものを自ら身につ
けるものへと変貌させた。
ビールの空缶を使った手作りのネック
レスは、『リア王の悲劇』(pp.158-159)
の衣装としても使われた。2004年

津村耕佑がモデルに着せたい服を自らデザインし、ディレクションを
行なった雑誌『ART IT』の企画「妄想オーダーモード」の一枚。
2005年 撮影：松蔭浩之

雑誌『フラウ』2005 年 11 月 5 日号、山口小夜子特集のための撮影より。撮影：下村一喜

『フラウ』2005年11月5日号、山口小夜子特集のための撮影より。
撮影：下村一喜

ジャック・ルコー、2003年春夏コレクション、ワールドキャンペーンより。

撮影：下村一喜

三代宮田藍堂氏の作品を身にまとった小夜子。
これが最後のファッション撮影となった。
2007年　撮影：下村一喜

2000年代前半　撮影：藤井秀樹

第 5 章　　論考・資料篇

Essays and References

山口小夜子
未来を着る人

藪前知子

　多くの人にとって、山口小夜子とは、「日本女性の美」を象徴する存在として記憶されていることだろう。彼女が、モデルとして一世を風靡した後も、「着る」ということ、服飾という行為をパフォーマンスまで高め、様々な角度から再解釈する表現者として活動したことは、どれだけ知られているだろうか。舞台、映画などで数々の作品を残した後、晩年は「ウェアリスト」と名乗り、自らの身体において、ファッションだけでなく、ダンス／舞、音楽、映像、文学など諸芸術が交差する表現を展開した。小夜子の表現活動を通覧する本稿において、モデル時代を中心とする前半では、彼女を「美」のアイコンとした時代状況を分析しつつ、その社会的・歴史的位置を考察する。各界の異才たちとの恊働の軌跡を辿る後半では、「着る」という行為の主体性を可能な限り拡張し、生きること、存在することそれ自体が表現であるという地平に至った彼女の思想を解き明かす。

　山口小夜子の登場は、まさに彗星のようであっただろう。学校の授業の延長でモデルを始めた服飾学校の生徒が、本格的にデビューした翌72年にパリ・コレクションに出演。74年には、アメリカの『ニューズウィーク』誌に、「世界の4人の新しいトップ・モデル」として紹介される (1)。そうした突然の成功の理由のひとつは、彼女の登場が、オートクチュールからプレタポルテへという転換のますます加速する時期

と重なっていたことにあるだろう。プレタポルテの一般化について、ファッション・ジャーナリストの大内順子は、「消費者の意識思想・生き方を反映するもの」となったファッションの「『物質本位』から『思考本位』への移行期」と位置づけている (2)。五月革命とヴェトナム戦争に象徴される変動の時代に、高田賢三、三宅一生、山本寛斎といった日本人デザイナーの個性は、新しさの価値を創出するものとして欧米のファッション界で一気に注目を集めた。前髪を切りそろえたストレートの黒髪、切れ長の眼を持つ小夜子の存在は、黒人モデルも多数擡頭した多様化の時代、個性の時代のひとつの意志の表われだったと言える。

　一方で、こうした「個性の表現」は、大量生産の既製品の流通と表裏一体のものであった。77年、ロンドンのアデル・ルースティン社がトップモデルのシリーズのひとつとして小夜子のマネキンを手がけ、これが世界各都市のショーウィンドーを飾る (p.56)。雑誌媒体などファッションの情報化が進む中、没個性の象徴として縮小の一途を辿っていたマネキン市場において、例外的な出来事であったと考えられる。黒人モデルたちの躍動感と対照をなし、神秘性を際立たせていた、無表情で動きの少ない小夜子のパフォーマンスは、マネキンとも親和性があった。彼女自身、人形を集め、それをひとつの表現の規範としており、後述するように後年のパフォーマンスの中でも、そのイメージと切り結んでいくことになる (3)。小夜子の「マネキンのように」クールな雰囲気は、時代の先端を行く新しい身体感覚として受け取られたのである。

　他方、このことは、小夜子の「個性」が、「型」として流通しやすいものであったことをも示している。おかっぱの黒髪は、日本人形のような伝統的な童女の髪型を彷彿させるとともに、例えば60年代にパリで活躍した日本人モデル、松本弘子がそうであったように、すでに東洋女性の美のひとつの規範であった。山口小夜子は、個性を「型（モデル）」として提示することがプレタポルテ時代のモデルの要件であることを自覚し、その「型」を磨き上げていくことに力を注いだ表現者であったと言えるのではないだろうか。

さて、小夜子は、1973年から86年まで専属契約を結んだ資生堂の広告においても、時代の転換点を体現することになる。その存在を印象づけたのは、1973年の冬の『シフォネット』のポスター（p.101）で、高田賢三デザインの赤いスーツを着た小夜子の初々しい姿に「『影も形も明るくなりましたね、』目。」という印象的なコピーが載せられている。前田美波里、ラッツ姉妹といった、いわゆる「ハーフモデル」で占められてきた資生堂の広告に、黒髪おかっぱのいかにも日本的な容姿のモデルが初めて起用されたのである。1973年と言えば、60年代から数々の傑作CMを手がけたディレクター、杉山登志が自死した年である。ハーフモデルを起用し、いかにも「洋風」でお洒落なムードを、ウィットに富んだタッチで描いた杉山は、消費者の憧れをかき立てる卓越した才能を、特に資生堂のCMで発揮してきた。注目したいのは、上述した小夜子のポスターが、カンヌをはじめ数々の賞を受賞し、杉山の最後の傑作として名高い『シフォネット　図書館編』と同じキャンペーンであることだ。つまり、CMでは吉田エミリーというハーフモデル、ポスターでは小夜子を起用という異例の状況があったのである。杉山にとって、小夜子は興味のあるモデルではなかっただろう。この年の末、彼は「リッチでないのに／リッチな世界などわかりません。（…）「夢」がないのに／「夢」をうることなどは、とても…」という有名な遺書をのこして世を去る（4）。小夜子の登場は、ひとつの時代の終わりと始まりを告げるものであった。

　その後、1975年の『ベネフィーク』のCMでは、着物姿で京都人形師を訪ね（p.120）、翌年の同CMでは京都の茶の湯の席に招かれた姿が描かれるなど、小夜子と「日本」のイメージははっきりと関連づけられていく。これらを生み出した横須賀功光のカメラ、中村誠のアートディレクション、そして被写体としての小夜子の共同作業はその後、香水『禅』『すずろ』『舞』のポスター（p.104、105、109、111）に代表される、洗練された日本美の系譜を作っていく。中村の大胆なトリミング、横須賀の捉える肌の陰影、卓越した技術の結集として作られたこれらの作品は、広告および印刷文化のひとつの頂点として、長く記憶されるべきものだろう。また、資生堂のメーキャップ・アーティスト富川栄による、切れ長の繊細なアイライン、ほぼ骨の高い位置のチーク、赤い口紅という「小夜子メーク」の深化も特筆すべきである。ちなみに富川は晩年に至るまで、小夜子の活動になくてはならない存在となる。

　さて、資生堂の現名誉会長である福原義春は、小夜子との対談の中で、彼女の起用がオイルショックと同じ73年であることから、「油がなくなるという危機感のもとに、日本は自分で生きていかなくちゃならなくなった。そして、日本て何だろう、と考えだしたときに、ちょうど小夜子さんが出現して、ああこれが日本の一つの姿だと思ったんですね」と回想する（5）。上述の『ベネフィーク』のCMを企画し、小夜子と数々の仕事をした資生堂の元CMディレクター中尾良宣は、そこにナショナリズムがあったであろうことを認め、「しかも、あのコーカシアンがリスペクトの目で迎えてくれた」ことが重要であったと指摘する（6）。萩原朔美もまた、当時の小夜子論の中で、彼女の魅力を、欧米を通過して日本に逆輸入された、つまり「日本的な美意識をくすぐりながら、欧米人から見た『日本的』なものを感じさせる」ことにあると述べる（7）。小夜子がもたらした、自らのナショナリティと文化を外部から眺めるセルフ・エキゾティシズムとも言うべき視点は、例えば1970年の国鉄（現JR）『ディスカバー・ジャパン』キャンペーンなどにその端緒を持ちつつ、後に80年代に入り、宮迫千鶴が「イエロー感覚」と述べたものを予言している。人民服を着たYMOなど若者文化の諸相を眺めつつ、宮迫は、70年代に横行した「日本とは何か」を巡る言説への違和感を述べた上で、「イエロー感覚」とは、「ある種の辺境な単一民族的な同質性を求めるナショナリズム性に対する反感をもった感性を持ちながら、それでも『日本』人であることを自覚せざるを得ないアンビバレンツな感性」、あるいは「異邦人の視点から新しくUターン」することによって日本に出会う感覚と定義する（8）。文化と伝統が、「デザイン的視座」を通して体感される時代とも宮迫は言う。山口小夜子は、そうした時代のアイコンであった。

言うまでもなくこの感覚は、他者の存在なしには生まれえないものである。資生堂の香水『禅』は、もとは60年代に海外および国内の欧米人向けに作られたものであった(9)。それを好評により国内にも展開させるという、「逆輸入の日本」のイメージ戦略に、小夜子が起用されたのは象徴的である。その後、80年代に入り本格的に海外展開をしていくにあたり、資生堂は長らく小夜子との仕事を切望していたフランス人のイメージ・クリエイター、セルジュ・ルタンスを起用することになる。1981年の『モイスチャー・ミスト』のポスター（pp.112-114はその関連作品）で、ルタンスがトータル・イメージとして提案した日の丸のモチーフ——ロラン・バルトの「空虚な中心」から取られたという(10)——の中に鎮座する小夜子は、美しく記号化された「日本」の化身として、世界に向かって悠然と微笑み続けている。

——

あるテレビのインタビューで、印象に残るシーンがある。横浜の外国人墓地界隈で生まれ育ち、『セブンティーン』『エル』などの雑誌から気に入った洋服を選んでは母親に縫ってもらった少女時代。友達に「その服を脱がない限り、遊んであげない」と言われた小夜子は、「でも私は、仲良くしてもらうより、自分の好きなきれいな服を着ていた方がいい」と断ったのだという(11)。人形の着せ替えなど、一人遊びを好んだ少女は、自分だけの美の世界を作り上げていく。読書家だったという小夜子の旧蔵書には、彼女の高校時代、1965年に新書館から創刊された、少女向けのミニブック「フォアレディース」シリーズの本が多数遺されている。寺山修司と宇野亞喜良のコンビを筆頭に、白石かずこと横尾忠則を組み合わせるなど、「文学的なものを、ファッションの中に取り込む」ことを試みたこのシリーズは、後年の活動からみても彼女に大きな影響を与えたはずである(12)。寺山修司による、幻想的で叙情的、少し残酷で湿った美の世界は、小夜子に「少女」というイメージの客体化をもたらしたのではと想像される。切りそろえたおかっぱは、子供時代から毎日梳いてくれた母との絆

の証だったという回想を振り返るまでもなく(13)、永遠の少女性を保ちたいという彼女の意志の表われだとは言えないだろうか。本展に出品される、彼女のスクラップブックには、放課後のテレビで見たという『上海特急』の謎の中国人美女アンナ・メイウォンや、フランク・ヴェデキントの「ルル二部作（『地霊』『パンドラの匣』)」でボブ・ヘアのファム・ファタール（魔性の女）を演じたサイレント時代のスター、ルイーズ・ブルックスの切り抜きが多数貼られているが、彼女たちもまた、小夜子が自らのスタイルを作るための原型となったはずである(14)。折に触れ回想されたように、小夜子は、モデルとしてデビューした頃、当時の流行に合わせてどんなに髪の色を変えろと言われても応じなかったという。「小夜子」というスタイル自体が、強い美意識と意志のもと、磨き上げられていったひとつの表現なのである。

モデルとしての活躍に並行して、小夜子はかなり早い時期から舞台の仕事を引き受けている。東京キッドブラザーズの舞台に脇役として出た後、1977年には、寺山修司の『中国の不思議な役人』に出演、路地裏で男をだます娼婦、魔耶を演じる（p.140）。上述の二人のファム・ファタール女優に魅了されてきた小夜子にとっては、少女時代からの憧れの世界が結集する機会だったはずである。寺山の舞台に参加し、イメージを身体表現に転換するメソッドに触れたことも、大きな影響があったという(15)。ファム・ファタールとは、男女どちらにとっても、他者性を帯びた存在であり、女性性の究極の客体化である。もう一つの自分である人形を着飾らせるように、小夜子は、前髪を切りそろえた童女のコケットリィと、大人の女性のエロスが同居したような、男を破滅に導く運命の女という表現の「型」を深化させていく。その後、「ルル二部作」を原案とした舞台『忘れな草』(1986年、p.156)、各賞に輝いたNHK音楽ファンタジー『カルメン』(1989年、p.157)、江戸時代から続く糸あやつり人形劇団、結城座の人形たちと共演した『ペレアスとメリザンド』(1992年、p.152)など、特に佐藤信演出の舞台において、小夜子はこの女たちの系譜を演じていくことになる。

一方、小夜子にとって、モデルと舞台活動

の境界を歩むことが、自然な選択であったことも付け加えておかねばならない。山本寛斎のショーが、80年代以降、大規模なパフォーミング・アーツの舞台へと発展していったように、当時のデザイナーたちのコレクション・ショー自体、もともと演劇的要素が強いものであった。小夜子の最初の主演劇『小夜子：山口小夜子の世界』(1981年、p.139) が、多くのショーの演出を手がけた重延浩によって、モデルとしての半自叙伝と、山本寛斎によるファッション・ショーの二部構成として構成されたように、当時のモデルと舞台表現の距離は、今日の私たちが考えるほど離れてはいない(16)。そして、この後小夜子が、異才たちとの協働から多くを生み出していく理由にも、モデルとしての出自が影響しているだろう。彼女は、モデルとは「布とか、色とか、糸とかの一部だと思っている。(…) 洋服を見ながら、デザイナーは何を表現したいのかなあって、考えるの。大事なのは解釈」と述べる(17)。多くのデザイナーが、「服によって本能的に表情も動きも変わっていく」小夜子のモデルとしての資質を賞賛している(18)。小夜子にとって「着る」ことは、最初から他者との協働の手段だったのである。

その表現の転機となったのが、山海塾、天児牛大との仕事である。横須賀功光による写真集およびビデオ作品として世に出された天児演出・振付の『月　小夜子／山海塾』(1986年、pp.143-145) は、その初期の美しい成果だ。何か月も前から山海塾の動きを習いに通ったという小夜子は、空気を操り、空間を「纏う」という術をここで得たように見える。白塗りに剃髪の男たちすら、小夜子の身体が拡張されたもののようである。ここでは、他者の身体ごと「着る」ことが、小夜子にとっての協働の動機となっている。

山海塾の舞踏が持つ、東洋的な身体性――ひとつのフォルムとして空間に対峙するのではなく、それと内的に関わろうとする身体のあり方――に、小夜子が強く惹かれていたことは確かである。彼女はそれ以前より、太極拳を習ったり、韓国の伝統芸能である杖鼓舞を池成子に師事し、山本寛斎のショーで披露するなどしている。その理由について彼女は、「東洋的な世界に強くひかれるのね。同じ身体を動かすのでも

ジャズダンスやバレエとは違って、内へ内へとこもって自分と深く対話するようになるのが魅力ね」と述べている(19)。その後、勅使川原三郎の『月は水銀』(1987年) を見た小夜子は、彼との協働を自分から申し出ることになる。周知のとおり勅使川原は、彫塑を学び人間の形を作ることからはじめ、次第に、自身の身体を使って内側からそれを作るべくマイムを習得したという異色の経歴の持ち主である。「僕は舞踏家です。人形になる為の。そもそも人形ですが」(20)と語る勅使川原の表現に、人形を美の規範とし、それに内側から命を吹き込むように独自のスタイルを築いてきた小夜子が惹き付けられたのは自然のなりゆきだっただろう。最初の仕事、旧汐留駅跡地での『月の駅』(1987年、p.148)を経て、次の『夜の思想』(1988年、p.149)では、アンドロイドを連想させる無機質な表現が、新しい時代の身体感覚として評価されている(21)。特に、勅使川原が小夜子を「修理」すべく、背中の鉄板に工具を押しあて火花を散らし、さらに彼の背中にも他の男たちが同じ「修理」を施す――という残酷さと美が入り交じった場面は、記録映像を見るだけでも十分鮮烈である。

人形になるということは、人間を人間たらしめている身体、さらには生命の条件を問い直すということでもある。勅使川原のメソッドが、型や振付からではなく、身体の内側――呼吸から動きを導いていくものであることは、人形になることと矛盾しない。小夜子は、マイムの影響を受けた操り人形のような動きと、流れるように身体の伸縮を繰り返す動きの両方を、その後96年頃まで続く勅使川原／KARASとの協働の中で体得していくことになる。並行して、小夜子は1993年頃から晩年に至るまで、モダン・ダンスのパイオニア、伊藤道郎の姪である古荘妙子に師事し、伊藤がリトミックの始祖エミール・ジャック＝ダルクローズのメソッドを独自に展開した「10のジェスチュア」を学んでいる。吐く、吸うの呼吸の変化が、やわらかで自然な動きを導いていく。祈りの形にも似た普遍的とも言えるジェスチュアが次々と連なるバリエーションの影響は、晩年の小夜子のパフォーマンスや朗読、ステージの随所に見ることができる。伊藤のメソッド

と出会った頃、蜷川幸雄との対談で、小夜子は次のように語っている。「西洋は上に伸びる、天に向かおうとするけれど、東洋は沈もうとする床面と足の裏の接点に特別なものがある。空手も韓国舞踊も能も全部、いかに魂を土の中に沈め、そうしてそこでまた解き放つか。伊藤氏のダンスの中にも、自然に出てくる東洋の精神みたいなものとドイツ表現主義的なものを融合させたのではないかなと思えるような動きがあるんですよ」(22)。小夜子にとって、伊藤道郎の「東洋」性が、異文化のハイブリッド的状況のうちに磨かれてきたものであることも重要であっただろう。

さて、前述した福原義春との97年の対談の中で、「自分たちのオリジナリティ」という発言について、「それは日本ということですか」と問われた小夜子は、「自然であるということ」だと答えている(23)。国籍ではなく、自らのありのままの存在を指標とする意志は、2005年に、写真家の高木由利子と、雑誌紙上で立ち上げた「蒙古斑革命」というプロジェクトに結実する(pp.170-172)(24)。かつてナショナリスティックな「日本」イメージのアイコンであった小夜子。しかし彼女自身は、早くから中国や朝鮮半島も含めた各種の身体表現、衣装やメークを通して、日本だけでなく東アジア人であることと内側から向き合おうとしてきたのであり、このプロジェクトはその集大成とも言えるものであった。この地に根ざして新しい表現を紡ぐ人々に小夜子がインタビューする連載は、2年にわたって続けられた。林英哲、鈴木清順、UA、黒田育世、そして本展にも参加する山川冬樹、生西康典と掛川康典、エキソニモら、小夜子が様々な形で協働していく人々のリストをここに見ることができる。例えば、連載第1回に登場した伊東篤宏は、楽器であり視覚的な美術作品でもある「オプトロン」で知られる作家だが、彼は、欧米の流儀に則した「日本の現代美術」から、好きなことをすることで解放されたこと、またアメリカ的なものも日本的なものも意識されずに入り交じった状況が「日本」なのだと語っている(25)。同ページの「蒙古斑」の定義には、「人種間の混合で現れることも多い」ことが指摘されている。重要なのは、蒙古斑の有無というよりは、文化のハイ

ブリッドな状況すらも自分たちのありのままと受け止める姿勢である。同じ頃、小夜子は、佐藤信演出『リア王の悲劇』(2005年)の衣装デザインを手がけているが、それらは、諸文化が自由にコラージュされた、彼女の思想の具現化とも言えるものである(pp.158-159)。

そうしてみると、小夜子が晩年の多くの夜を、2002年に六本木にオープンしたオルタナティヴ・スペース、SuperDeluxeで過ごし、パフォーマンスの舞台としてきたのも頷けるだろう。建築家デュオのクライン・ダイサム・アーキテクツ、デザインデュオの生意気、マイク・クベックら、東京在住の異邦人たちの経営・プロデュースによるこのスペースは、海外のシーンと点と点とでつながりつつも、日本という地理的・文化的条件から独自の展開を遂げて来た音楽や映像、パフォーマンスに焦点を当てていた。小夜子とユニットを組んでいた生西康典、掛川康典が共同企画した「映像作家徹底研究」シリーズで、かわなかのぶひろ、松本俊夫、田名網敬一らを紹介するなど、歴史を新たにつなぎ直そうとする試みも行なわれており(26)、高名なモデルである一方で、70年代より日本のアンダーグラウンド・カルチャーを駆け抜けてきた小夜子の存在は、この文化圏のひとつの精神的支柱であったはずである。宇川直宏、藤乃家舞とのCDJ／VJユニットSUNZUや、ラッパーA.K.I.PRODUCTIONSとのデュオなど、これまでの自分を脱ぎ捨てるように新しい挑戦を行なう一方、2003年から2007年の逝去まで続く生西と掛川とのユニットでは、舞や近代文学の朗読などと先端的な映像表現が組み合わされ、小夜子のパフォーマンスの集大成としても高い完成度を持つものであった。羽衣のようなドレスなど、独自の衣装スタイリングも忘れがたい。「演劇もダンスも朗読も音楽も、それぞれ役を『纏い』、踊りを『着て』、言葉を『着る』、音楽を『纏う』という観点でとらえると、私の中で違和感無く表現に結びつけることができるのです。この感覚は、幼い頃から好きだった着せ替え人形遊びと同じように無心になれる状態です。私にとっての表現とは、この無になれる状態、むしろ自分自身を解放できる唯一の手立てとも言えます」。若い世代からの再評価を受けて「小夜子・再考」と題されたイ

ンタビューで、彼女はこのように発言している (27)。生西らとの協働において、小夜子は、映像、音楽も含めた周りの空間すべてを「着る」ことを企図していた。同時期の別のインタビューでは、「着ることは生きること」と答えている。「私は、人間は心が身体を着ているという言い方もできると思いますし、もっと言えば、人間はそれを取り巻くすべてのものを着ている。空気も光も」(28)。「着る」という行為は、他者との協働であり、外界との交流であり、つまりは生きることそのものである——。このような認識に到達しつつ、2007年、小夜子は生西、掛川らと映画制作に向けて動き出したさなかに急逝する。このユニットが、記録を遺すことに全く興味を持っていなかったことからも映画の実現が惜しまれるが、突然去ってしまったというその死すらも、身体を脱ぎすてる彼女の表現のようにも思えてくる。精神世界に強い興味を持っていたという小夜子にならって、魂が不滅であると考えるなら、今も彼女のパフォーマンスはどこかで続いている、とは言えないだろうか。

これまで見て来たとおり、山口小夜子は、「日本の美」を具現化した存在として宿命づけられながらも、自らの身体を通して、「日本なるもの」に象徴されるような、自らを閉じ込めるあらゆるものを再定義していくことに力を注いだ表現者であった。「何でも着られる」と言いつつ自らを刷新し続けたその人は、つまるところ、人間の可能性そのもの、「未来」を着ていたのだ。

（やぶまえ・ともこ＝東京都現代美術館学芸員）

註

(1) " A New Breed of Naturals," *Newsweek*, September 9, 1974, pp.34-35.

(2) 大内順子『トップ68人の証言でつづる20世紀日本のファッション』現泉社、1996年、p.447

(3) 「山口小夜子　人形」『スタア』1975年5月号、ページ不明

(4) 杉山の活動については以下に詳しい。馬場啓一＋石岡瑛子編『CMにチャンネルをあわせた日　杉山登志の時代』パルコ出版、1978年

(5) 「新春特別対談　山口小夜子、福原義春」『グラツィア』1997年2月号、p.137　島森路子も小夜子の登場および日本的なるものの価値の見直しを、オイルショックと結びつけて指摘する。『広告のヒロインたち』岩波新書、1998年、p.78

(6) 筆者による中尾良宣氏へのインタビュー（2014年12月24日）およびメールでのコメントより

(7) 萩原朔美「現代タレント像45　山口小夜子　日本人を超えたイメージ」『月刊アドバタイジング』1977年6月号、pp.74-75

(8) 宮迫千鶴「イエロー感覚　さらば！黄色い〈殻なし卵〉」『イエロー感覚　不純なものあるいは都市への欲望』冬樹社、1980年、p.26

(9) 資生堂企業文化部編『創ってきたもの　伝えてゆくもの　資生堂文化の120年』求龍堂、1993年、p.238

(10) 筆者による資生堂側のアートディレクターを務めた天野幾雄氏のインタビューより（2015年1月27日）

(11) 司会：宇崎竜童、尾崎亜美「ABOUT 30/50 #75」テレビ神奈川、2000年

(12) 「フォアレディース」の編集者白石征氏のインタビュー。近代ナリコ『本と女の子　おもいでの1960-1970』河出書房新社、2005年、p.67

(13) 山口小夜子「黒髪とおかっぱ頭」『小夜子の魅力学』文化出版局、1983年、p.39

(14) 山口小夜子「美しいもの、好きなこと」前掲書（註13）、p.139　ルイーズ・ブルックスについては以下を参照。「山口小夜子インタビュー　byコリーヌ・ブレ」『BRUTUS』1986.9.15号、pp.134-135

(15) 山口小夜子「モデル以外の世界をのぞいて」前掲書（註13）、p.166

(16) 小夜子のモデル／パフォーマーとしての展開に、初期からのマネージャーであり、後に企業支援による文化事業を多数手がけたプロデューサー、本木昭子の存在が大きかったことは特筆すべきであろう。彼女の活動については以下に詳しい。『本木昭子の本』制作委員会編『だいじょうぶ、だいじょうぶ、本木昭子』朝日クリエ、2014年

(17) インタビュー『読売新聞』1983年9月17日

(18) 「T.ミュグレー激撮　山口小夜子」『MORE』1984年3月号、p.42 ／「クロード・モンタナ＆山口小夜子」『MORE』1981年9月号、p.23

(19) 「fashionable Talk 山口小夜子」『Manière』no.4、1984年

(20) 勅使川原三郎「茶柱の忘却」『勅使川原三郎の舞踏　月は水銀』新書館、1988年、p.50（初出『is』1987年第37号）

(21) 当時の劇評の一例として「踊る『アンドロイド』の美しさ」『朝日新聞』1988年2月4日

(22) 「蜷川幸雄の台本のない対談　ゲスト山口小夜子」『鳩よ！』1993年4月号、p.61　伊藤道郎のメソッドおよび小夜子との関係については、ミチオイトウ同門会の柏木久美子氏に多くのご教示をいただいた。

(23) 註5を参照のこと。

(24) 『ソトコト』2005年7月号〜2007年7月号まで連載。

(25) 「蒙古斑革命　伊東篤宏　蛍光灯を弾く美術家」『ソトコト』2005年7月号

(26) 『映像作家徹底研究』1 松本俊夫（2005年6月18日）、2 かわなかのぶひろ（2005年9月10日）、3 田名網敬一（2005年11月11日）、以後奥山順一、相原信洋、伊藤隆介＋大友良英などのイヴェントが行なわれた。

(27) 「小夜子・再考」『DUNE』2004年春号、p.67

(28) 「今、素敵なひとの夢中　山口小夜子」『和楽』2005年、p.168

Sayoko YAMAGUCHI
— The Wearist,
Clothed in the Future

Tomoko Yabumae

Many people remember the presence of Sayoko Yamaguchi as a symbol of "Japanese Beauty," but how many of them know her another face as an expressionist who after taking the world by storm as a fashion model developed "the clothing behavior" and "the act of wearing" into performance by interpreting them from different angles. After her participation in a number of Butoh-dances, theaters and films, she identified herself as a "Wearist," and used her body as an apparatus for intersection of not only fashion but also arts of dance, music, film, and literature. This article takes an overall look at Sayoko's lifelong activities as an expressionist. The first half of this article will focus on her activities as a fashion model, and will put special emphasis on Sayoko as an icon of "Beauty" to analyze her socio-historical interrelationship with the society of that time.The latter half of this article will focus on her collaborations with experts in different fields, and will analyze her significant ideological changes. Her participations in different fields of performances and expressions reached her to the point of awareness that the very nature of "living" and "existing" are the act of expression itself, and she tried to expand the independence of "the act of wearing" into a broader concept.

She became well-known in the fashion world in overnight. She started her career as a model while she was a student at a fashion college, and appeared in the Paris Collection in 1972 just a year after her full-scale debut in the fashion world. In 1974, *Newsweek* introduced her as "one of the most prominent four models."(1) Perhaps one of the reasons for her rapid success in the fashion world is that her appearance overlapped with the accelerating transition of fashion trend from "Haute Couture" to "Ready-to-made." Junko Ouchi, the fashion journalist defines this generalization of "Ready-to-made" fashion as a transitional period from Materialism to Idealism in the fashion industry that "reflects consumer's consciousness and lifestyle."(2) The individuality of the Japanese designers such as Kenzo Takada, Issey Miyake, and Kansai Yamamoto gained considerable attention in the Western fashion world for generating new values in the era of significant changes throughout the society such as May 1968 and the Vietnam War. In that diversified period when the significant numbers of models of color appeared, the presence of a model with straight black hair with a forelock, and almond eyes can be considered as a statement of the time of individuality.

On the other hand, the "expression of individuality" and distribution of ready-made mass productions were two sides of the same coin. In 1977 Adele Rootstein Co. produced a mannequin of Sayoko in its top model mannequin series (p.56). The Sayoko mannequins trimmed store windows across the world. This was exceptional because the mannequin industry as a symbol of deindividuation was decreasing, while the informatization of fashion such as fashion magazines were growing. In contrast to the dynamism of the models of color, Sayoko's expressionless face and motionless posture sympathized with the mannequins. Herself was a collector of dolls and regarded them as her principle of expression. Her dance performances in later years also had this inorganic aspect, as I will discuss later.(3) Sayoko's mannequin-like impassive atmosphere was an alternative body image that was on the frontiers of that time.

On the other hand, this indicated that her "individuality" was easy to be accepted as a "model" by people. Her straight black hair with a forelock not only evokes a stereotypical Japanese little girls like traditional Japanese dolls, but those elements were also already known as the standards of the Oriental Beauty, such as Hiroko Matsumoto a Japanese model in Paris in the 1960s. Sayoko was aware of the requirements for being a fashion model in the time of Ready-to-made fashion is to be able to provide individuality as a "model." Therefore, it can be said that she was an artist who put efforts to cultivate her own "model."

She appeared in the advertisements of Shiseido which she had an exclusive contract from 1973 to 1986, as a turning point of the trend. Her existence became significant when her fresh image in Kenzo's red suit appeared in the poster of "Chifonette" in 1973 (p.101), with a line saying "Both Shadow and Shape brightened – eye." It was the first time a very stereotypical Japanese black-haired model was used for a poster of Shiseido, while most of the models were so called "half (mixed) models" such as Bibari Maeda and Lats Sisters. 1973 is the year that Toshi Sugiyama, a genius TV commercial director who produced masterpieces during the 1960s, committed suicide. He used half (mixed) models to create a so-called fancy "European" atmosphere with witty touch, especially for Shiseido TV commercials, to stimulate consumers' fantasy and motivate them for more consumption. What I want to emphasize here is that, this poster of Sayoko that I have mentioned before was one of the series of "Chifonette: library version," which received several prizes such as Cannes, and became the very last masterpiece of Sugiyama. That is to say, it was a quite exceptional case since he used a half (mixed) model Emily Yoshida on the TV commercial and Sayoko on the poster, which suggests that Sayoko was not an attractive model for him. "How could I know about rich people while I am not rich. How could I sell dreams while I do not have any dream" this is a part of his well-known note that he left at the end of this year, and passed away.(4) Sayoko's debut was a farewell to one era, but also brought a brand new epoch.

In 1975, she appeared in the TV commercial for "Benefique" wearing Kimono and visiting a doll artisan in Kyoto (p.120), and the TV commercial of the same series in the following year showed Sayoko visiting a tea ceremony in Kyoto. It is obvious that Sayoko as an icon of "Japaneseness" was gradually becoming generalized. In these series such as the perfume brands of "Zen," "Suzuro" and "Mai," Noriaki Yokosuka as a photographer, Makoto Nakamura as an artistic director, and Sayoko as a model produced collaborative works, and created sophisticated lineage of Japanese beauty (p.104, 105, 109, 111). Nakamura's dauntless defiant trimming and Yokosuka's approaches on shadowing skin all contributed to create works with notable techniques, which should be remembered for a long time. Sakae Tomikawa a make-up artist generated a unique technique for Sayoko' makeup, which is known for its long and delicate eyelids, cheeks on the high point of her cheekbone, and scarlet lips. Sayoko's partnership with Tomikawa was indispensable for Sayoko's works until her last years.

Yoshiharu Fukuhara, the current Honorary Chairman of Shiseido, remembers Sayoko as "One of the most iconic images of Japan" in his dialogue with Sayoko, because the year that she was assigned as a model for Shiseido overlaped with the 1973 oil crisis and "by facing the serious oil crisis, Japan had to start to think about standing on its own feet. And Sayoko appeared while most Japanese people were asking themselves the question of what is Japan."(5) Yoshinobu Nakao, the commercial director of Shiseido who directed the "Benefique" series and also worked with Sayoko for several times indicates that the important fact for them was "The Caucasian people welcomed her with respect," admitting that there was a kind of nationalism in Sayoko's works.(6) In an essay on Sayoko, Sakumi Hagiwara remarked that her attraction was reimported to Japan from the West, or in other words "She offered the Japanese aesthetic sense, by referring to the sense of "Japaneseness" by the Western people.(7) The viewpoint of so called Self-exoticism, which is to see its own nationality and culture from the outside, was becoming the mainstream, such as the commercial campaign by the Japanese National Railways in 1970 that used the catch line of "Discover Japan." On the other hand, this phenomenon also predicted the upcoming circumstance that Chizuru Miyasako called "Yellow Sensitivity" in the 1980s. Miyasako explained the uncomfortable feeling regarding the discourse of "what is Japan" by referring to the youth cultures such as the YMO in Mao suit, and defined the notion of "Yellow Sensibility" as an "ambivalent feeling conceived by Japanese people who objected to the notion of Nationality that sought for homogeneity as an ethnically homogeneous nation, but on the other hand they had to admit the sense of being Japanese." In other words, it can be defined as the sense of finding "Japan" by "doing U-turn from the viewpoint of foreigners."(8) Miyasako wrote that it was the era that people experienced culture and tradition only through "Designable viewpoints." Sayoko was considered as the iconic person of such epoch.

This sensibility could not be conceived without the existence of the others. The Shiseido perfume "Zen" was produced for the Western consumers living outside and inside Japan in the 1960s.(9) The company decided to reimport the perfume to Japan because of its good reputations by the Western consumers. It is noteworthy that, Shiseido used Sayoko for this campaign of reimportation. In 1980s when Shiseido started its overseas expansion, appointed Serge Lutens as an artistic creator, who longed to collaborate with Sayoko. When he worked for "Moisture Mist" in 1981 (pp.113-115), he suggested to use the motif of the Japanese flag, Hino-maru – which was quoted from the Roland Barthes' "empty center"(10) – as an embodiment of beautifully symbolized "Japan." Sayoko sitting inside the circle sedately smiles at the world.

———

There is a remarkable TV interview, which Sayoko recalls her childhood memory. Sayoko was born and raised close to the Yokohama foreign cemetery, and she often asked her mother to make her clothes that she found in magazines such as *Seventeen* or *ELLE*. One day, one of her friends told Sayoko that "You should take your clothes off or I won't be your friend anymore." Sayoko answered "I would choose to wear pretty clothes that I like, rather than being friend with you."(11) The girl who preferred to play alone dressing-up her dolls, created her own world of beauty from her early age.

In her bookshelf she kept mini-book series of *For ladies*, which were designed for young girls, published in 1965 when she was a high school student. Those books in which Shuji Terayama and Akira Uno, Kazuko Shiraishi and Tadanori Yoko offered collaborative works, in order to "introduce literature to the fashion world" must have had a huge influence on her.(12) I imagine that Terayama's fantastic and lyrical, cruel and damp atmosphere of aesthetic sense may have brought the objectification of the image of a "girl" for Sayoko. It is obvious that her bobbed hair style represents her desire for eternal "girlish," as she insisted that her hair style is a form of bonding with her mother who always cut her hair when she was a girl.(13) In this exhibition you can see her scrapbook which has several clippings of Anna May Wong from *Shanghai Express* that Sayoko watched on TV after school, or Louise Brooks who played the bobbed hair femme fatale in Frank Wedekind's silent film "Earth Spirit (*Erdgeist* and *Die Büchse der Pandora*)." Sayoko must have regarded them as models for her own style.(14) Sayoko never changed her hair color since her debut as a model, regardless of how much people suggested her to dye her hair since it was trending. The style of "SAYOKO" itself was her own expression, which she continued to polish up with her aesthetic sense and faith.

Sayoko started to actively participate in theatric works, along with her career as a model. After her participation in a stage produced by the Tokyo Kid Brothers as a side character, in 1977 she played in a role of prostitute Maya who blandishes men on back-alley stalls in the *The Wonderful Mandarin* directed by Shuji Terayama (p.140). Since she was fascinated by previous two femme fatales, this experience must have been her ideal opportunity. She was also impressed by Terayama's method of transforming image into bodily expressions.(15) Femme Fatale is otherness both for men and women, and is extreme objectification of femininity. As if she was dressing-up a doll as her other self, she deepened her "style of expression" through portraying herself in a role that an innocent girl Coquetterie with bobbed hair, and an erotic woman exist together to destroy the destiny of men. Sayoko inherited from the characteristics of these women throughout her career as an artist, especially in the stage productions directed by Makoto Sato such as adaptation of "Earth Spirit," *Myosotis* (1986, p.156), an award-winning NHK music fantasy *Carmen* (1989, p.157), collaboration with Edo puppet theatre company Youkiza *Pelleas and Melisande* (1992, p.152).

On the other hand, it is important to notice that it was natural for Sayoko to choose to be on the borderline between being a model and an expressionist. The fashion shows of Japanese designers had a strong theatrical aspect, as Kansai Yamamoto developed his fashion shows to the spectacular stages of performing arts since the 1980s. Yutaka Shigenobu directed the performance *Sayoko-Sayoko Yamaguchi's world* (1981, p.139), which she played a leading role for the first time, was divided in to two parts, the biography of Sayoko as a model and a fashion show of Kansai Yamamoto. From this, it is evident that the distance between fashion show and theatrical expression was not as far as we think today.(16) And these experiences as a model played an important role when she latter contributed in the collaborating performances with experts. Once she said that, to be a model is "to be a part of fabric, color, strings (...) I see clothes thinking what the designer trying to express. The interpretation is an important process."(17) Many designers praised her talent as a model because "she could change her facial expressions and movements instinctively according to what she was wearing."(18) For Sayoko "the act of wearing" was an apparatus to collaborate with others.

A turning point was her collaborative work with Ushio Amagatsu, the choreographer and organizer of Sankai Juku. *Moon: Sayoko / Sankai Juku* (1986, pp.143-145), a photo collection book and video image by Noriaki Yokosuka, directed and choreographed by Amagatsu, was one of the beautiful fruits of their collaboration. Sayoko practiced Butoh dance of the Sankai Juku, and after several months she could obtain the technique to control the atmosphere, and "wear" the space. The shaved hair male dancers with body painted in white seem to be the extensions of Sayoko's body. Here her motivation for collaborating with others became to "wear" the whole existence of others.

It is evident that the Oriental aspect of Butoh dance of the Sankai Juku – not to confront with the space as a form but the body that try to relate with the space internally – attracted Sayoko. Before her participation with Butoh dance, she had been learning traditional performances such as Tai Chi, and the Korean traditional "Django Dance" from Chi Soungja and had performed at the fashion show of Kansai Yamamoto. She claimed that her main reason for these practices is because "I am strongly attracted to the Oriental world. These oriental practices lead me to the deepest part of my inner world to have a conversation with myself, in contrast with the Western performances such as Jazz dance and ballet."(19) After she saw the performance *Moon is Quicksilver* (1987) by Saburo Teshigawara, she made him an offer for collaborative works. As it is well known, Teshigawara has an unique personal history, he first learned sculpture to carve human body, and gradually he begun to practice Pantomime to create it from his inside using his body. "I am a dancer, to become a puppet. I am originally the puppet though."(20) It seems natural for Sayoko to be attracted by his works, since she regarded doll as her model for her aesthetic sense and tried to create her own style as if she breathed new life into them. After their first collaborating work *Moon Station*" (1987, p148) at the former Shiodome Station, they worked together in *Nocturnal Thought* (1988, p.149), which the inorganic expression that evoked android was well received as an alternative body sense of the new epoch.(21) Especially the moment when Teshigawara tries to "repair" Sayoko's body, and presses an implement on the steel plate on her back that suddenly begins to spark , and other male dancers do the same

"repair" on Teshigawara's back – those cruel but beautiful scenes are striking enough even in the video recording.

To become a doll is to question the body that enables human being to be a human, and to question the condition of life itself. Teshigawara's method of choreography that doesn't come from form nor choreography but from inner side of his body-breathe, doesn't contradict with his desire to become a "puppet." Sayoko mastered both puppet-like movement under the influence of pantomime, and the flow of movements that repeats bodily expansions and contractions, through her collaborative works with Teshigawara/ KARAS until 1996. At the same time, Sayoko learned "Ten Gestures" developed by the Japanese dancer Michio Ito, one of the pioneers of modern dance, which originated in Jaques-Dalcroze Eurhythmics, from his niece Taeko Furusho. In Sayoko's later performances and recitations we can see some traces of this method: the variations of breathing in and out lead her to natural and gentle movements, and universal gestures such as gestures that evoke praying come one after another. When she was beginning to learn the Ito method, she had a conversation with Yukio Ninagawa and in that talk she mentioned about the method as "The Western performances grow vertically to the sky, on the other hand the Oriental performances and practices such as Karate, Korean dance and Noh play pay a special attention to the soles of your feet where connect you to the ground, and those practices bring your soul to the deepest part of the ground where you can release yourself. In Ito's dance there are several movements that suggest they may have combined the natural spirit of the East and the German expressionism."(22) For Sayoko it was also important that the spirit of "the East" of Michio Ito was shaped in the cross-cultural hybridity.

In the above-mentioned interview with Yoshiharu Fukuhara in 1997, she was asked whether "our own originality" is "to be Japanese," and her answer was, "it is to be natural."(23) Her principle that put emphasizes on not the nationality, but on the bare state of existence can be evidenced in her collaborative magazine project with a photographer Yuriko Takagi "Mongolian Spot Revolution" (2005).(24) While she was used as an icon to represent the nationalistic image of "Japan," she put efforts to learn about body expressions, costumes and make-up styles of other Eastern countries such as China and Korea, in order to have an interior sense of being not only Japanese but also the East-Asians (a person of the region of East-Asia) (pp.170-173). The project "Mongolian Spot Revolution" was the compilation of what she had been doing in terms of this re-definition, and this interview series in which Sayoko interviewed artists who tried to express their works based on the local context, continued for two years. Here is the list of people who collaborated with Sayoko: Eitetsu Hayashi, Seijun Suzuki, UA, Ikuyo Kuroda, and also artists who participate in this exhibition, Fuyuki Yamakawa, Yasunori Ikunishi, Yasunori Kakegawa and exonemo, who Sayoko collaborated in different styles and manners with each of them. For instance, one of the first interviewees was Atsuhiro Ito, who is known as a player of musical instrument and art work "Optrum" insisted that, He could release himself from the "Japanese contemporary art" based on the Western-style by doing what he liked to do freely. And also he explained that the condition that the Japanese and American elements are mixed without any intention is the state of "Japan."(25) On the same page it is pointed out that "Mongolian Spot" can also be appeared even when the different races are mixed. The important attitude here is, regardless of having Mongolian Spot or not, to accept the cultural hybridity as it stands. Around the same time, Sayoko worked as a costume designer for *The tragedy of King Lear* (2005) directed by Makoto Satoh. She collaged freely the elements of different cultures for design, and represented her thoughts through those costumes (pp.158-159).

It does make sense that Sayoko in later years often spent nights performing at the alternative space "SuperDeluxe" that opened in Roppongi in 2002. This space produced and managed by foreign people living in Tokyo, architects of Klein Dytham architecture, designers of "Namaiki" and Mike Quebec, had been introducing foreign artists and works in the fields of music, image and performance that were uniquely developed from the Japanese cultural and geographic condition, while connecting with other foreign performing scenes. In her collaborative project with Yasunori Ikunishi and Yasunori Kakegawa "Through research on Film Makers," introduced people such as Nobuhiro Kawanaka, Toshio Matsumoto, and Keiichi Tanaami, in order to reconnect the history.(26) Sayoko, who was a well-known model and also was a leading figure in the underground culture since the 1970s, must have been a spiritual pillar of this cultural field. Through her collaborative

works with Naohiro Ukawa and Mai Fujinoya as a CDJ/VJ unit SUNZU, and also her duet with a rapper A.K.I.PRODUCTIONS, she challenged herself in new fields of performances. On the other hand, her collaborative performances with Ikunishi and Kakegawa from 2003 until 2007 were the most successful performances, which were the combinations of dance, readings of modern literature, and ultramodern images as the compilations of her works. Her unique costume design such as a dress looked like the robe of feathers is also memorable. "Theatre, reading, dance and music, all of these can be connected without any discomfort when I see them as 'dressing' the role, 'wearing' dance, 'clothed in' words or 'wrapped in' the sound. This is the state in which I can be innocent like a child when I played with dress-up dolls. For me expressing myself is the only way to relieve myself, to become the state of innocence." – those are her words from an interview entitled "Reconsider Sayoko" that reflected her reevaluation from the younger generation.(27) In her collaboration with Ikunishi, Sayoko was trying to "wear" the whole space around her including image and sound. In another interview around the same period she said "To wear is to live." "I think we can say that our heart is wearing our body, or, we are wearing everything surround us, the air and the light."(28) The act of "wearing" is to cooperate with others, to communicate with outer world, and to live our lives. In 2007, Sayoko died suddenly while working on filmmaking with Ikunishi and Kakegawa. It is regretted that we have no traces of those images and there is no way to realize it, however, even her death seems to be a part of her expression disrobing her body. If we think the spirit never dies according to her strong interests in the spiritual world, we could say her performance is continuing somewhere, couldn't we?

As we have seen, though Sayoko Yamaguchi was destined to be an embodiment of "Japanese beauty," she tried to re-define anything that defined her in certain way – the definition such as "Japanese" – through her body. While saying "I can wear anything," she never stopped innovating herself, and she was actually wearing the possibility of human being, that is to say, "the future" itself.

(Curator, Museum of Contemporary Art Tokyo)

Translated by Sevin Genouzono

References

(1) A New Breed of Naturals, *Newsweek*, September 9, 1974, pp.34-35.

(2) Junko Ouchi, *Testimonies of 68 people about Japanese Fashion in 20th Century*, Gensen-sha, 1996, p.447.

(3) 'Sayoko Yamaguchi – Dolls,' *STAR*, May 1975, Page Unknown.

(4) More information about Sugiyama can be read in the following book: Keiichi Baba + Eiko Ishioka Ed. *When television commercial got attention: Toshi Sugiyama's era*, Parco publishing, 1978.

(5) 'Spring Special Interview: Sayoko Yamaguchi, Yoshiharu Fukuhara,' *Grazia*, February 1997, p.137. Michiko Shimamori also related the Oil Crisis with Sayoko's debut and re-evaluation of "Japan." *Heroines on Advertisement*, Iwanami Shoten, 1998, p.78.

(6) An interview on Yoshinobu Nakao (December 24th, 2014) and his comments on Email.

(7) Sakumi Hagiwara, 'Contemporary Talents 45 Sayoko Yamaguchi An image overwhelmed Japan,' *Monthly Advertising*, June 1977, pp.74-75.

(8) Chizuru Miyasako, 'Yellow Sensation: Good bye! Yellow "eggs without eggshell." *Yellow Sensation: The impurity or desire for the city*, Tohju-sha, 1980, p.26.

(9) Shiseido Culture department (ed.), *Things created Things Succeeded The Shiseido culture history of 120 years*, Kyuryudo, 1993, p.238.

(10) An interview on Ikuo Amano, the artistic director of Shiseido (January 27th, 2015).

(11) The chairperson: Ryudo Uzaki, Ami Ozaki, 'ABOUT 30/50 #75,' TV Kanagawa, 2000.

(12) An interview on Sei Shiraishi, the editor of "For Ladies." Nariko Kodai *Books and a girl memories from 1960-1970*, Kawade Shobo Shinsha, 2005, p.67.

(13) Sayoko Yamaguchi, 'Black and Bobbed hair,' *Sayoko's charms*, Bunka Publishing, 1983, p.39.

(14) 'Beautiful things, favorite things,' Ibid., p.139. For further information on Louise Brooks, see 'An interview on Sayoko Yamaguchi by Corinne Bret,' *BRUTUS*, September 15th, 1986, pp.134-135.

(15) 'Experiencing outside of fashion industry,' Ibid., p.166.

(16) Akiko Motoki, Sayoko's manager from the early period and produced many cultural events based on business support, played a very important role on Sayoko's modeling/performance activities. For further information on Motoki, see 'A book on Akiko Motoki,' production partnership (ed.), *It's okay, it's okay. Akiko Motoki*, Asahi- Create, 2014.

(17) An Interview *Yomiuri Newspaper*, September 17th, 1983.

(18) 'Sayoko Yamaguchi, photos by Thierry Mugler,' *MORE*, March 1984, p.42; 'Claude Montana & Sayoko Yamaguchi,' *MORE*, September 1981, p.23.

(19) 'Fashionable Talk Sayoko Yamaguchi,' *Manière*, no.4, 1984.

(20) Saburo Teshigawara, 'Oblivion of Tea Stalk,' *Butoh by Saburo Teshigawara: The Moon is Mercur*, Shinshokan, 1988, p.50 (Originally published on *is*, 1987, 37th edition).

(21) See 'The beauty of dancing Android,' *Asahi Newspaper*, February 4th, 1988.

(22) 'Interviews without script by Yukio Ninagawa: with Sayoko Yamaguchi,' *Pigeons!*, April 1993, p.61. Kumiko Kashiwagi, from Ito Alumni association, let me know a lot about Michio Ito's method and his relationship with Sayoko.

(23) See reference (5).

(24) *Sotokoto*, July 2005-July 2007.

(25) 'Mongolian Spot Revolution: Atsuhiro Ito. An artist who plays fluorescent,' *Sotokoto*, July 2005.

(26) 'Complete study on film makers' 1 Toshio Matsumoto (June 18th, 2005), 2 Nobuhiro Kawanaka (September 10th, 2005), 3 Keiichi Tanaami (November 11th 2005). The events by Junichi Okuyama, Nobuhiro Aizawa, Ryusuke Ito + Yoshihide Otomo were held afterwards.

(27) 'Sayoko Reconsideration,' *DUNE*, Spring 2004, p.67.

(28) 'What people are fascinated by: Sayoko Yamaguchi,' *Waraku*, 2005, p.168.

多様な表象が揺らめく水晶宮
山口小夜子論

石井達朗

　山口小夜子は、水晶宮のような人だった。水晶の美しさはあっても、それは無色透明。だからこそ、そこにさまざまな色を透過させることができる。小夜子さんは、自分自身が創造の対象であり、創造のツールでもあったのだ。それが山口小夜子に対して、わたしがいまだに持っている印象である。

　ファッションモデルとしての全盛期、世界のトップモデルであった頃、彼女はカジュアルな衣服からエスニックなもの、そしてプレタポルテからオートクチュールに至るまで、多彩なファッションによって着せかえられていった。同時に化粧・髪型から靴・マニキュア・マスカラに至るまで、あらゆる方法で小夜子さん本来の透明さに、微細な表情がつけられてゆく。しかし、「仕事」としてどんな衣装や装身具が与えられようと、小夜子さんは決して受け身にならずに、自分流をとおしていたように思える。彼女はマネキンモデルには決してならない、というよりなれないのだ。

　彼女はいつも「山口小夜子」であった。そしてそこが東洋西洋を超えた、彼女の本当の魅力である。欧米のモデル業界の山口小夜子に対する賞賛は、よく言われるようにオリエンタリズムやエキゾチシズムも当初はあったかもしれないが、それだけであるならばそんな女性は山口小夜子でなくても他にいただろう。彼女がある時代の寵児になりえた本当の理由は、彼女が自分を見つめ、自分をつくり、自己を演出する個性と感性の持ち主だからである。そのことにより山口小夜子はいつも賞賛ばかりでなく、快いリスペクトを抱かれていたのだ。

　スーパーモデルと言われながらも、人気に溺れず、奢らない。ふだんの生活では、彼女はブランド物を身につけて歩くことには、およそ興味がなかった。「山口小夜子」という自身のファッションで生きていたのだ。

　水晶体のような自分に色をつけ、自分を創ってゆく――そこにはまるで真っ白な壁にフレスコ画を描いてゆくような喜びもあっただろうし、職人気質の技もあったはずである。それは、一言でいえば「ジェンダー・マスカレード」とも呼びたくなるものだ。女性が「女性」というジェンダーを装い、「女性」をつくりあげる。それは手練の人形師が、美しい人形をこつこつとつくりあげてゆく作業に似ている。Tシャツの下の鍛えあげた大胸筋や上腕二頭筋を誇示する男性、あるいは大げさなマスカラや化粧なしでは外出できなくなってしまった女性がいるとすれば、それらもある種のジェンダー・マスカレードには違いない。しかし山口小夜子は違う。彼女は抜きん出て透明でほっそりした身体に、幼少のときからまるで他人の体に施すように、すこしずついろいろな彩色を試みていった。それは「女」というジェンダーに色々な色を塗ってみる、きわめて意識化された作業だった。

　わたしがそう思うようになったのには、ひとつのきっかけがある。わたしと小夜子さんは、東京の中央を循環するJR山手線の目黒駅近辺に住んでいた。小夜子さんは山手線の内側、わたしは逆にずっと外側の方である。そんなこともあり、あるダンス公演で顔をあわせたとき「今度、互いの地元の目黒でビールでも……」という話をしていた。幸いそれは社交辞令に留まらずに実現した。ある晩、目黒の自然教育園のそばのスーパーマーケットの入り口で待ち合わせた。小夜子さんは、東南アジアふうでもあり、中近東をも思わせる独特のファッションで現われる。パッと見た感じはモロッコふうだろうか。あの顔立ちと見慣れないお洒落でとても目立つのだが、決して派手ではない。近くの小洒落たバーでビールを飲みながら話しこむことになる。

　小夜子さんは、子供の頃の話をたくさんしてくれた。衒いのない静かな話し方。多少早口に、ちょっと低いけれど張りのある声で、滑舌

が爽やかだ。どんなエピソードもとても率直に話す。今思い返してみると、なんという贅沢な時間だったのだろう。話の一つひとつはとても興味深いものだったが、そのディテールまでは思い出せない。ただ全体は、幼い頃からシャイで、自分から活発に人付き合いをするというタイプとはほど遠かったということ。おまけに痩せていて体が弱く、家に閉じこもりがちだったこと。それがコンプレックスでもあり、その結果、ひとりでいろいろな役柄をつくり「一人ママゴト」か「一人芝居」をやるように遊ぶことが多かったこと……などというような内容だった。具体的なエピソードがいろいろ挿入されていたと思う。

自分の子供時代をきのうのことのように語る記憶力のみならず、冷静な分析力には驚いた。そこにはちょっと引きこもりふうなところも、対人恐怖とまではいかないが、見知らぬ人と接するのが極端に苦手ということもあったのだろう。あるいはある種の自意識過剰もあったのかもしれない。でも、そんなことより何より感心したのが、冒頭に述べた水晶宮のような彼女の存在感である。

外界のいろいろなことを感性豊かに感じながらも、それに流されたり溺れたりすることなく、子供時代から思春期に向けて、そしてモデルとして活躍する大人の時代に向けて、彼女はわれわれの知る「山口小夜子」をつくりあげていったのだ。国際的に著名なファッションモデルとしての仕事を退いてからのデザイナー、ダンサー、パフォーマー、ナレーター、女優としての活動も、自身を創造するという終わることのない作業の延長線上にある。

まさにその延長線のほうが、スーパーモデルとしての山口小夜子よりずっと長いのである。枚挙に暇がない彼女の仕事のなかで、わたしが実際に見ているダンサー、パフォーマーとしての彼女の舞台は多くはない。それらは決して人気モデルが欲張って舞台で踊りたがって……などというものではなかった。彼女の類い

稀な探究心と集中力、しかも過剰にならずに冷静に長身痩躯をコントロールする身体性は、他のダンサーや俳優と異なる独特のオーラを発していた。小夜子さんは、自分の情緒に没入し、喜怒哀楽を巧みに操りながら観客を巻き込むようなことはできないし、する気もなかったろう。山口小夜子は、鉱物質のような美しい無表情のなかに、多様な表象をいつもまとっていたのだ。

山口小夜子にとって、1988年に勅使川原三郎と踊った『夜の思想』は、舞台のパフォーマーとして、それ以前とそれ以降をつなぐ活動のエポックになっているのではないかと想像できる。85年にKARASを結成し、翌86年に国際的な振付コンクール、バニョレで受賞した勅使川原は、石井漠以来のモダンダンスとは異なる、ソリッドで鋭角的な動きと柔らかい身体性を混在させる無二の技法により、後に世界のダンス界のトップランナーになる素地をつくりつつあった。舞踏の始祖である土方巽は86年に死去し、ダンスシーンに「コンテンポラリー」という言葉を呼び起こす前兆のようなうねりが起こっていたころに、『夜の思想』が生まれたのだ。小夜子さんは、当然のことながら勅使川原のようには踊れない。しかし勅使川原から学んだことを忠実にこなしながらも、彼とは異なる不可思議な存在感を漂わせていて、この2人のコントラストから眼が離せなくなる。

93年には勅使川原三郎が一躍世界のダンス界に躍り出る『NOIJECT（改訂版）』に出演している。『NOIJECT』はダムタイプの『S/N』と並び、90年代前半の日本から生まれ、国際的にも衝撃を与えた傑出した作品である。無機質な鉄板に囲まれた舞台で展開する舞踊は、終末論的な暗さに満ちている。数名のダンサーが登場するが、ここでも小夜子さんは、勅使川原と並び独自の光彩を放っている。93年は勅使川原と小夜子さんにとって特別な年であるらしく、『T-CITY』という映像作品も、勅使川原自らが監督してつくっている。舞台の記録映像ということではなく、ダンスを自立した映像作品として制作する「ビデオダンス」という領域は、今ではグローバルに定着しているが、この時期に日本から生まれたものとしては先駆的である。小夜子さんは3人の登場人物のひ

とりで「線に捕えられた女」と名づけられ、ほっそりとした長身が「線」に絡むという抽象的な役回りである。勅使川原が、山口小夜子の資質を知悉したうえでつくっているのがよくわかる。ここで「線」と戯れる彼女の姿は、他のダンサーでは代役の利かない小夜子ワールドを醸している。

山口小夜子が関わった舞踊家や演劇人、その他のジャンルのアーティストたちは数多く、そういう関わりから生まれた作品は、小規模のものまで含めれば相当な数にのぼるはずである。それは一回きりの、仕事のためだけのお付き合いの時もあれば、波長のあう人であれば長い年月に及ぶこともある。そんな数多くの交友関係のなかで亡くなるまで長きにわたり友人としてもアーティストとしても彼女がもっとも信頼を置いていた一人が、山海塾を率いる天児牛大ではないだろうか（1986年には『月 小夜子／山海塾』という天児が関わった写真集・ビデオ作品がある）。30数年にわたり世界の数百都市で公演し、北欧から南米にいたるまで広まっている舞踏のグローバル化にもっとも貢献しているのが山海塾である。天児は絶後の表現者土方巽が撒いた種を、揺るぎのない方法論で結実させている。それは誰の模倣でもなく天児独自のものだ。孤立無援から出発し世界と向き合いながら仕事をする天児に、小夜子さんは自分自身とつながる何かを感じたのだろうか。

今世紀になってからは、東京の日蓮宗総本山池上本門寺の大きな境内でおこなった、小夜子さんの『月かがみ』（2002年）が強く印象に残る。それが天児牛大の演出振付作品であるということの他に、梅雨空の雨が降りしきる夜、彼女の全身全霊がほとばしるようなソロ公演であったからだ。朗読し、演技し、踊る小夜子さんは、雨などものともせず身も心も全開していた。

その作品が忘れられないもうひとつの理由は、朗読に彼女が選んだ文章が小夜子さんの内側の世界を映し出していたように思えたからである。それは彼女がずっと以前から愛読していた高原英理の幻想短篇小説『青色夢硝子』（加藤幹也名義）である。そこには天体望遠鏡のような「夢物質投影装置」が登場し、成層圏上の「夢想結界」に投影された集合的な夢の内容が、この機械をとおして石英硝子の塊のなかに焼き付けられる、というファンタジーそのものの世界である。硝子、夢、結晶……。幼少期にひとりで夢想世界に遊んでいた小夜子さんが持続しているように思えてしかたがない。小夜子さんは今ごろ、成層圏のうえの「夢想結界」で地上の人々のたくさんの夢を受け止めながら、次の新しいパフォーマンスを考えているのだろうか。

（いしい・たつろう＝舞踊評論家）

Diverse Images Flickering in a Crystal Palace

An Essay on Sayoko YAMAGUCHI

Tatsuro Ishii

Sayoko Yamaguchi resembled a crystal palace. Crystal is beautiful but also colorless and transparent, making it possible for various colors to pass through it. Sayoko Yamaguchi was herself both the subject and the tool of creativity. This was the impression Sayoko Yamaguchi made on me and is one that continues to this day.

At the peak of her career as a fashion model, when she was recognized as one of the top models in the world, she was dressed in a wide range of fashion, from casual to ethnic, prêt-à-porter to haute couture, delicate expressions were applied to her inherent transparency using every available technique, from make-up and hairstyling, to shoes, nail polish and mascara. However, no matter what clothes or accessories she was given as part of her 'job,' she was never passive, and always appeared to remain true to her own style. She never became a mere mannequin, or rather, it was impossible for her to become one.

She always remained Sayoko Yamaguchi. That was her real attraction that surpassed any differences of East and West. The esteem in which she was held by the Western modeling industry may have initially been due to Orientalism or exoticism, but if that was all, the model need not have been Sayoko Yamaguchi and it could equally have been somebody else. The real reason why she became the darling of the times was because she possessed the individuality and sensitivity to look at herself, to create herself and play the role that was Sayoko. That was

why she always received not only praise but also respect.

Despite being described as a supermodel, she was not infatuated with her popularity, she was not arrogant. During her daily life, she had no interest in wearing famous brands, rather she was the living embodiment of Sayoko Yamaguchi fashion.

She added color to her crystal-like body, creating herself and in so doing she may have felt something approaching the joy of an artist applying a fresco to a white wall, demonstrating the skills of a true craftsman. What she did can be summed up in the term 'gender masquerade'— she was a woman adopting the gender of 'woman' to create an image of 'woman.' It was similar to the diligent work of a skilled doll maker creating a beautiful doll. A man who likes to display his highly developed pectorals and muscular biceps under a skimpy T-shirt, or a woman who is incapable of going out without applying heavy mascara and makeup also display forms of gender masquerade. However, Sayoko was different. Ever since she was young, she gradually added various colors to her peerlessly translucent, slim body, as if it were not her own. It was an entirely conscious process of applying various colors to the gender that is woman.

An event occurred that caused me to think this way. Sayoko and I both lived in the vicinity of Meguro Station, which is situated on the loop line that encircles central Tokyo. This being said, she lived on the inside of the loop whereas I lived quite a distance away on the opposite side of the tracks. One day, when we met at a dance performance, we arranged to go and have a beer together near our local station sometime. Luckily, this was not just a mere pleasantry and one evening I found myself waiting for her outside a supermarket near the Meguro Institute for Nature Study. Sayoko was wearing a unique outfit that could have originated equally from South-east Asia or the Middle East. At first glance, I guessed that it probably came from Morocco. With her peerless face and the unusual, yet tasteful clothes, she could not help but stand out, despite there being nothing flamboyant about her. We went to a chic bar nearby where we drank beer and talked.

Sayoko spoke a lot of her childhood. She talked in a quiet, unpretentious way, rather quickly, in a deepish, yet firm tone and with refreshing eloquence. Whatever episode she related, she did so in a candid fashion and looking back, I realize how fortunate I was. Everything she spoke of was extremely interesting, but unfortunately I can no longer remember the details. However, the basic outline of her story was that in her youth she had been extremely shy and incapable of associating actively with others. Moreover, she was a thin and sickly child who spent most of her time at home. She suffered from a kind of psychological complex and compensated for it by making up games she could enjoy on her own—playing house alone, performing one-actor plays, etc. I seem to remember that she related numerous concrete episodes.

Not only was she able to remember her childhood well enough to speak of it as if it were yesterday, but her calm analysis of events was also amazing. I think that this was because she had been something of a recluse and had a strong fear of strangers, being extremely loathe to come into contact with people she did not know. Perhaps it was the result of a form of extreme self-consciousness. However, the strongest impression I received was that of her resembling a crystal palace, which I mentioned at the beginning of this essay.

Her rich sensitivity allowed her to feel a lot in the world around her, but she did not allow herself to be swept away by it, instead, throughout her childhood, her adolescence and into her adult life as a model, she carefully created the image of Sayoko Yamaguchi that we all know her by. Even after she retired from her role as a world-famous fashion model, she remained active as a designer, dancer, performer, narrator and actress, this becoming an extension of the never-ending project of creating 'Sayoko.'

This extension of her career lasted much longer than the time she spent as the supermodel, Sayoko Yamaguchi. The number of appearances on stage as dancer or performer that I actually saw were not that many, considering her prolific activities. Her dance performances were definitely not merely the actions of an avaricious, popular model in greater fame; her extraordinarily inquisitive mind, and power of concentration, combined with her calm, yet not excessive, physical control over her tall, thin body, created a unique aura that set her apart from other dancers or actors. She was incapable of submitting to her own emotions, of controlling delight, anger, sorrow and pleasure in order to draw in the audience and probably never wanted to. Sayoko Yamaguchi's expressionless, inorganic beauty was forever filled with diverse images.

It is possible to conjecture that Sayoko's 1988 performance with Saburo Teshigawara in *Nocturnal Thought* represented an epoch-making turning point in her stage career. After founding the dance company 'KARAS' in 1985, Teshigawara won the Bagnolet International Choreography Competition in 1986, his work differing from the mainstream of modern dance that had been established by Baku Ishii, mixing solid, angular movements with a gentle physicality to create an unrivaled technique, laying the foundation for what would subsequently make him a leading member of the international dance world. The founder of Butoh dance, Tatsumi Hijikata, died in 1986 and the dance scene was just beginning to see the precursors of the movement that was to become known as 'contemporary' when 'Nocturnal Thought' appeared. Of course, Sayoko was not able to dance on the same level as Teshigawara, but she faithfully carried out everything she learned from him and her performance was filled with a strange feeling of presence that differed from his, the contrast between the two of them riveting the eye to the stage.

In 1993 Saburo Teshigawara leapt to the forefront of the international dance scene with his performance of *NOIJECT* (revised version). Together with the Dumb Type's *S/N*, *NOIJECT* was a masterpiece, born in Japan in the first half of the 90s, which was to shock the international art world. Carried out on a stage surrounded by cold, iron sheeting, it was filled with an apocalyptic darkness. Several dancers participated but it was Sayoko, together with Teshigawara, who truly sparkled. 1993 was apparently a special year for Teshigawara and Sayoko, and the movie, *T-CITY* that was directed by Teshigawara himself, was produced that year. It was not a video record of a stage event, rather it was a 'videodance.' This is a video work in which movement is the primary expressive element, it has become an accepted genre worldwide, but at the time, this was a pioneering work for Japan. Sayoko was one of three performers, she played the part of 'a woman captured in lines,' her tall, slim body becoming entangled in 'lines,' creating an abstract image. It is obvious that it was Teshigawara's understanding of Sayoko's natural gifts that led him to create this work. The image of her playing with these 'lines' produces a unique 'Sayoko world' that no other dancer could emulate.

Large numbers of dancers, theatre people and artists from other genres came into contact with Sayoko Yamaguchi, and if we include minor works, a significant amount of art resulted from these relationships. Some of the meetings may have only occurred once, limited to a single work, but if she and the artist were in tune with each other, the relationship might last for many years. One of the people she trusted most up until her death, both as a friend and an artist, was Ushio Amagatsu, who founded the Sankai Juku Butoh dance troupe, (*LUNA Sayoko/Sankai Juku*, 1986, photograph book and video involving Amagatsu). Over the last thirty plus years Sankai Juku has played a major role in the globalization of Butoh, performing in hundreds of cities around the world, from northern Europe to South America. Taking up the reins from the inimitable Tatsumi Hijikata, the founder of Butoh, Amagatsu applied a steady methodology to promote the art. His is not an imitation of somebody else's work, but entirely his own. Alone and unaided, he set out to conquer the world through his work and perhaps it was with this stance that Sayoko felt an affinity.

Entering into the twenty-first century, Sayoko's performance of *Moon Mirror* (2002) in the grounds of Tokyo's Ikegami Honmonji Temple left a particularly strong impression. Directed and choreographed by Amagatsu, it was held at night in the rain of the rainy season, but Sayoko devoted herself, body and soul, to her solo performance; narrating, acting and dancing, she ignored the rain while opening her body and soul to the audience.

Another reason why I will never forget this performance is because I believe the text she chose to narrate provided a glimpse of Sayoko's inner world. It was a passage from Eiri Ttakahara's *Blue Dream Glass* (published under the pen name, Mikiya Kato), a short fantasy novel that she had long enjoyed reading. It features something called a 'Dream Projector', that resembles an astronomical telescope but captures the contents of the collective dreams that have been projected into the 'dream barrier' that exists in the stratosphere, sealing them inside a lump of quartz glass. Glass, dreams, crystal... I cannot help but feel that these sum up an image of the dream world where Sayoko used to play alone during her childhood, an image that remained with throughout her life. Sayoko is perhaps now living in that world in the stratosphere, receiving dreams from the people on Earth as she thinks about her next performance.

(Dance Critic)

Translated by Gavin Frew

出品作品リスト

凡例：

作品データは原則として、作者名とタイトルを和英で、次いで制作年、出品点数、素材、サイズ（cm）、所蔵者／提供者の順に記載した。演劇等の記録資料については、タイトルの後に主な制作者の情報を記した。カタログに図版が掲載されている作品については冒頭に頁数を示した。所蔵について特に記載のないものは、山口小夜子の旧蔵である。
＊印は本展のための新作を示す。

序章
山口小夜子とは誰か

構成：山川冬樹
小夜子のブレイン・ルーム
Direction: Fuyuki Yamakawa
Sayoko's Brain Room
人形、本、スクラップブック、レコードほか

pp.1-27
AD：天野幾雄、撮影：横須賀功光、スタイリング：コシノジュンコ
資生堂『ベネフィーク』雑誌広告のためのオリジナルプリント
AD: Ikuo Amano
Photo: Noriaki Yokosuka
Styling: Junko Koshino
Original prints for the magazine advertisements of Shiseido *Benefique*
1974
30 点
写真
45.5 x 56.8

撮影：横須賀功光
資生堂『ベネフィーク』雑誌広告のためのセッション
Photo: Noriaki Yokosuka
Session for the magazine advertisements of Shiseido *Benefique*
1974
コンタクトプリント
23 x 26.6
横須賀安理

第1章
時代とともに
——トップ・モデルとしての小夜子

pp.48, 50-51
撮影：沢渡朔
[山口小夜子]
Photo: Hajime Sawatari
[Sayoko Yamaguchi]
1975 頃
12 点
写真
30.5 x 25.1

p.35
撮影：沢渡朔
やまもと寛斎 パリ・コレクションブックのためのセッション
Photo: Hajime Sawatari
Session for the Paris Collection book of Kansai Yamamoto
1975
6 点
コンタクトプリント
23 x 26.6

p.49
撮影：横木安良夫
[山口小夜子]
Photo: Alao Yokogi
[Sayoko Yamaguchi]
1977
写真

p.84-85
イラスト：大西洋介
やまもと寛斎 1980 年春夏パリ・コレクション『AMAZON』招待状
Illustration: Yosuke Onishi
Invitation for Kansai Yamamoto, 1980 Spring/Summer Paris Collection *AMAZON*
1979
印刷物

pp.70-73, 75
撮影：横須賀功光
『三宅一生の仕事 EAST MEETS WEST』より
Photo: Noriaki Yokosuka
From *Issey Miyake-EAST MEETS WEST*
1977
スライドショー
三宅一生デザイン文化財団

pp.96-97
撮影：大石一男
パリ・コレクション・ランウェイ写真
Photo: Kazou Ohishi
Photo taken at the Paris Collection runway
1980s
6 点
写真
56.5 x 45.6
大石一男

pp.96-97
撮影：大石一男
パリ・コレクション・ランウェイ写真
Photo: Kazou Ohishi
Photo taken at the Paris Collection runway
スライドショー
大石一男

パリ・コレクション・ランウェイ映像
Video of the Paris Collection runway
映像
INFAS.com

pp.52-53
『ニューズウィーク』1974 年 9 月 9 日号
Article from *Newsweek*, Sptember 9, 1974
1974
雑誌
27.0 x 20.0

p.88
撮影：藤井秀樹
スティーリー・ダン『彩（Aja）』
Photo: Hideki Fujii
Cover Photo from Steely Dan's studio album *Aja*
1977
レコードジャケット

p.89
撮影：藤井秀樹
スティーリー・ダン『The Best of Steely Dan』
Photo: Hideki Fujii
Cover Photo from Steely Dan's *The Best of Steely Dan* album (Japan only)
1978
レコードジャケット

pp.92-93
撮影：ピエール＆ジル
『ファサード』no.5
Photo: Pierre & Gilles
FAÇADE, no.5
1977
雑誌
34.5 x 29

p.94
撮影：ピエール＆ジル
『ファサード』no.6
Photo: Pierre & Gilles
FAÇADE, no.6
1978
雑誌
34.5 x 29

p.90
作画：ペーター佐藤
《けんきち描くさよこ》
Painter: Pater Sato
Sayoko drawn by Kenkichi
1975
エアブラシ
40.8 x 28.5
PATER'S Shop and Gallery

作画：アントニオ・ロペス
《for Sayoko》
Painter: Antonio Lopez
for Sayoko
1974
パステル、鉛筆／紙
65.1 x 50.2

p.56
アデル・ルースティン社
SAYOKO
Adel Rootstein
SAYOKO Mannequin
1977
マネキン

p.56
アデル・ルースティン社
SAYOKO
Adel Rootstein
SAYOKO Mannequin
マネキン
吉忠マネキン

p.57
アデル・ルースティン社
SAYOKO マネキン広告
Adel Rootstein
Leaflet of SAYOKO Mannequin
1977
広告印刷物
58.5 x 42

デザイン：三宅一生
『丹前』（1977-78 年秋冬コレクション）
Design: Issey Miyake
Tansen, 1977-78 AW Collection
1977
衣服

デザイン：三宅一生
制作：中村工房
『リボンストール』
Design: Issey Miyake
Production: Nakamura Kobo
Ribbon Stole
1974
三宅一生デザイン文化財団

p.78
デザイン：山本寛斎
ドレス（1981-82 年秋冬コレクション）
Design: Kansai Yamamoto
Dress, 1981-82 AW Collection
1981
衣服

p.83
作画：山口小夜子
『79 年春夏やまもと寛斎パリ・コレクション：幻想の帝国』ポスターのためのイメージ・イラスト
Design: Sayoko Yamaguchi
Illustrated image for the '79 Spring/Summer Kansai Yamamoto Paris Collection poster
1978
ペン／印刷物

p.82
作画：山口小夜子
やまもと寛斎、1979-80 年秋冬パリ・コレクションのためのヘア＆メーキャップ・デザイン画
Design: Sayoko Yamaguchi
Hair and make-up design sketches for Kansai Yamamoto's '79-'80 Autumn/Winter Paris Collection
1979
30 点
色鉛筆／紙
29.8 x 20.7

『小夜子：山口小夜子の世界』記録映像
演出：重延浩
Sayoko: Sayoko's World documentary video
Direction: Yutaka Shigenobu
1981
映像
テレビマンユニオン

p.139
『小夜子：山口小夜子の世界』パンフレット
Brochure of *Sayoko: Sayoko's World*
1981
印刷物
25.8 x 18

第2章
美をかたちに
——資生堂と小夜子

AD：犬山達四郎、D：鬼澤邦、撮影：稲越功一、辰巳四郎
資生堂『クインテス』ポスター
AD: Tatsushiro Inuyama, D: Kuni Kizawa, Photo: Koichi Inakoshi, Siro Tatsumi
Poster for Shiseido *Quintess*
1972
印刷物
103 x 72.8

p.101
AD：水野卓史、D：花内勇、撮影：横須賀功光
資生堂『シフォネット』ポスター
AD: Takushi Mizuno, D: Isao Hanauchi, Photo: Noriaki Yokosuka
Poster for Shiseido *Chiffonette*
1973
印刷物
103 x 72.8
資生堂企業資料館

AD：犬山達四郎、D：天野幾雄、撮影：大西公平
資生堂『クインテス』ポスター
AD: Tatsushiro Inuyama, D: Ikuo Amano, Photo: Kohei Onishi
Poster for Shiseido *Quintess*
1973
印刷物
103 x 72.8
資生堂企業資料館

AD：中村誠、D：天野幾雄、撮影：
横須賀功光
資生堂『ベネフィーク』雑誌広告
AD: Makoto Nakamura, D: Ikuo
Amano, Photo: Noriaki Yokosuka
Magazine advertisement for Shiseido
Benefique
1975
印刷物
30.5 x 49.8
資生堂企業資料館

p.120
CAD：中村誠、PL：中尾良宣、撮影：
横須賀功光
**資生堂『ベネフィーク』[京人形] テ
レビ CM**
CAD: Makoto Nakamura, PL:
Yoshinobu Nakao, Film: Noriaki
Yokosuka
TV commercial for Shiseido
Benefique
1975
映像
103 x 72.8
資生堂企業資料館
[スーパーバイザー：中尾良宣、編集：
佐藤眞彰、白石尊信]

CAD：中村誠、PL：中尾良宣、撮影：
瀬川浩
**資生堂『ベネフィーク』[暁の茶事]
テレビ CM**
CAD: Makoto Nakamura, PL:
Yoshinobu Nakao, Film: Hiroshi Segawa
TV commercial for Shiseido
Benefique
1976
映像
資生堂企業資料館
[スーパーバイザー：中尾良宣、編集：
佐藤眞彰、白石尊信]

p.120
CAD：中村誠、PL：中尾良宣、撮影：
瀬川浩
**資生堂『ベネフィーク』[スウェーデ
ン織り] テレビ CM**
CAD: Makoto Nakamura, PL:
Yoshinobu Nakao, Film: Hiroshi Segawa
TV commercial for Shiseido
Benefique
1976
映像
資生堂企業資料館
[スーパーバイザー：中尾良宣、編集：
佐藤眞彰、白石尊信]

CAD：中尾良宣、PL：中尾良宣、太
田雅雄、撮影：横須賀功光
**資生堂『リバイタル』[春染めて] テ
レビ CM**
CAD: Yoshinobu Nakao, PL: Yoshinobu
Nakao, Ota Masao, Film: Noriaki
Yokosuka
TV commercial for Shiseido *Revital*
1982
映像
資生堂企業資料館
[スーパーバイザー：中尾良宣、編集：
佐藤眞彰、白石尊信]

CAD：今野陽次、PL：中村誠、横須
賀功光
**資生堂『リバイタル』[胡蝶蘭篇] テ
レビ CM**
CAD: Yoji Konno, PL: Makoto
Nakamura, Noriaki Yokosuka
TV commercial for Shiseido *Revital*
1983
映像
資生堂企業資料館
[スーパーバイザー：中尾良宣、編集：
佐藤眞彰、白石尊信]

CAD：今野陽次、PL：中村誠、横須
賀功光
**資生堂『リバイタル』[砂時計篇] テ
レビ CM**
CAD: Yoji Konno, PL: Makoto
Nakamura, Noriaki Yokosuka
TV commercial for Shiseido *Revital*
1984
映像
資生堂企業資料館
[スーパーバイザー：中尾良宣、編集：
佐藤眞彰、白石尊信]

p.121
CAD：今野陽次、PL：中村誠、横須
賀功光、撮影：横須賀功光
**資生堂『リバイタル』[孔雀篇] テレ
ビ CM**
CAD: Yoji Konno PL: Makoto
Nakamura, Noriaki Yokosuka, Film:
Noriaki Yokosuka
TV commercial for Shiseido *Revital*
1985
映像
資生堂企業資料館
[スーパーバイザー：中尾良宣、編集：
佐藤眞彰、白石尊信]

p.121
CAD：中尾良宣、PL：今野陽次、横
須賀功光、撮影：横須賀功光
**資生堂『リバイタル』[貝] テレビ
CM**
CAD: Yoshinobu Nakao, PL: Yoji
Konno, Noriaki Yokosuka, Film: Noriaki
Yokosuka
TV commercial for Shiseido *Revital*
1985
映像
資生堂企業資料館
[スーパーバイザー：中尾良宣、編集：
佐藤眞彰、白石尊信]

CAD：今野陽次、PL：中村誠、横須
賀功光
**資生堂『リバイタル』[日時計篇] テ
レビ CM**
CAD: Yoji Konno, PL: Makoto
Nakamura, Noriaki Yokosuka
TV commercial for Shiseido *Revital*
1986
映像
資生堂企業資料館
[スーパーバイザー：中尾良宣、編集：
佐藤眞彰、白石尊信]

p.119
『花椿』1973 年 8 月号
HANATSUBAKI, August 1973
1973
雑誌
25.5 x 18.2
資生堂企業資料館

**第 3 章
新たな舞台へ
──演じる、舞う、着せる小夜子**

pp.123-127, 129
撮影：横須賀功光
**『流行通信』1981 年 12 月号に掲載さ
れたショット**
Photo: Noriaki Yokosuka
Ryuko Tsushin, December 1981
1981
4 点
写真
72 x 103

p.128
撮影：横須賀功光
**『Vogue』イタリア版 1979 年 10 月号
に掲載されたショット**
Photo: Noriaki Yokosuka
Italian Vogue, October 1979
1979
写真
72 x 103

pp.130-134, 136-137
撮影：横須賀功光
『小夜子』
Photo: Noriaki Yokosuka
Sayoko
1984
スライドショー

pp.143-145
撮影：横須賀功光
『月 小夜子/山海塾』
演出・振付：天児牛大
Photo: Noriaki Yokosuka
Luna: Sayoko/Sankai Juku
Direction: Ushio Amagatsu
1986
14 点
写真
31.2 x 25.4
横須賀安理（うち 4 点）

撮影：横須賀功光
『月 小夜子／山海塾』
Photo: Noriaki Yokosuka
Luna: Sayoko/Sankai Juku
1986
映像
電通

p.148
撮影：篠山紀信
『月の駅』
振付／演出：勅使川原三郎
Photo: Kishin Shinoyama
Moon Station
Direction/Choreograph: Saburo
Teshigawara
1987
写真
24.2 x 32.2

p.150
撮影：荒木経惟
**KARAS ダンスパフォーマンス『石の
花』プロモーション用スチール**
演出／振付：勅使川原三郎
Photo: Nobuyoshi Araki
Promotion picture for KARAS Dance
Performance *Flower Stone*
Direction/Choreograph: Saburo
Teshigawara
1989
5 点
写真
28 x 35.5

p.151
撮影：荒木経惟
**KARAS ダンスパフォーマンス『石の
花』**
Photo: Nobuyoshi Araki
KARAS Dance Performance *Flower
Stone*
1989
8 点
写真
28 x 35.5

KARAS ダンスパフォーマンス
**『月の駅・夜の思想・サブロ・フラグ
メンツ』**
演出／振付：勅使川原三郎
Video of KARAS Dance Performance
*Moon Station, Nocturnal Thoughts,
and Saburo Fragment*
1989
映像

『忘れな草』舞台映像
演出：佐藤信
Stage picture of *Myotisos Forget Me
Not*
Direction: Makoto Sato
1986
映像
株式会社ワコールアートセンター

p.153
**結城座公演『夢の浮橋〜人形たちとの
〈源氏物語〉』舞台映像**
演出：佐藤信、意匠：山口小夜子
Stage picture of Youkiza *The Tale of
Genji: The Bridge of Dreams*
Direction: Makoto Sato, Design: Sayoko
Yamaguchi
2005
映像
静岡県文化財団（グランシップ）

p.153
デザイン：山口小夜子
**結城座公演『夢の浮橋〜人形たちとの
〈源氏物語〉』人形**
Design: Sayoko Yamaguchi
Puppets for Youkiza *The Tale of
Genji: The Bridge of Dreams*
2005
4 点
人形

p.153
デザイン：山口小夜子
**結城座公演『夢の浮橋〜人形たちとの
〈源氏物語〉』人形・人形遣い衣裳**
Design: Sayoko Yamaguchi
Costumes for puppets and puppet
masters for Youkiza *The Tale of
Genji: The Bridge of Dreams*
2005
10 点
衣裳

p.154
作画：山口小夜子
**結城座『夢の浮橋〜人形たちとの〈源
氏物語〉』人形デザイン画**
Design: Sayoko Yamaguchi
Sketches of puppets design for
Youkiza *The Tale of Genji: The
Bridge of Dreams*
2005
3 点
鉛筆、水彩／紙
45 x 60

p.146
撮影：G. アンセレム
『三人姉妹』
演出：天児牛大、衣裳デザイン：山口
小夜子
Photo: G. Amsellem
Three Sisters
Direction: Ushio Amagatsu, Costume
design: Sayoko Yamaguchi
1998
5 点
写真

p.146
撮影：坂本正郁
『青ひげ公の城』
演出：天児牛大、衣裳デザイン：山口
小夜子
Photo: Masafumi Sakamoto
Bluebeard's Castle
Direction: Ushio Amagatsu
Costume design: Sayoko Yamaguchi
1997
3 点
写真
12.7 x 17.8

p. 146
デザイン：山口小夜子
『青ひげ公の城』衣装関連資料
Design: Sayoko Yamaguchi
Documents for costumes of
Bluebeard's Castle
1997
衣装

p. 147
作画：山口小夜子
『三人姉妹』衣装デザイン画
Design: Sayoko Yamaguchi
Costume design drawing for *Three
Sisters*
1998
20 点
鉛筆、水彩／紙
39 x 54.5

p. 159
作画：山口小夜子
『リア王の悲劇』衣装デザイン画
Design: Sayoko Yamaguchi
Costume design drawing for *Tragedy
of King Lear*
2004
23 点
鉛筆、ペン／紙
27 x 38

第 4 章
オルタナティヴな未来へ
── 21 世紀の小夜子

p. 178
松蔭浩之
《山口さよこ #1》
ディレクション／コスチュームデザイ
ン：津村耕佑
Hiroyuki Matsukage
Yamaguchi Sayoko #1
Direction/Costume design: Kosuke
Tsumura
2005
写真
150 x 120
個人蔵

松蔭浩之
《山口さよこ #3》
ディレクション／コスチュームデザイ
ン：津村耕佑
Hiroyuki Matsukage
Yamaguchi Sayoko #3
Direction/Costume design: Kosuke
Tsumura
2005
写真
22.7 x 15.8
個人蔵

p. 181
下村一喜
《Jacques le Corre、2003 年春夏コレ
クション、ワールドキャンペーンよ
り》
Kazuyoshi Shimomura
*From world campaign for Jacques
le Corre 2003 Spring/Summer
Collection*
2002
写真
103 x 72.8

p. 179
下村一喜
《『FRAU』山口小夜子特集号のための
撮影より》
Kazuyoshi Shimomura
*Pictures for "FRAU," featuring
Sayoko Yamaguchi, 2005*
2005
写真
72.8 x 103

p. 180
下村一喜
《『FRAU』山口小夜子特集号のための
撮影より》
Kazuyoshi Shimomura
*Pictures for "FRAU," featuring
Sayoko Yamaguchi, 2005*
2005
写真
103 x 72.8

p. 182
下村一喜
《三代宮田藍堂氏の作品を身に纏った
小夜子。これが最後のファッション撮
影となった。》
Kazuyoshi Shimomura
*Sayoko's last fashion photo wearing
the jewelry of Miyata Rando III*
2007
写真
72.8 x 103

清鈴苑きものショー 小泉清子コレク
ション映像
Video of Seireien Kimono Show,
Koizumi Seiko Collection
2006
映像
SUN プロデュース株式会社

森村泰昌
《Sayoko 1：百年の孤独から千年の愉
楽まで。》
Yasumasa Morimura
*Sayoko 1: From a hundred years of
solitude to a thousand years of bliss*
2015
写真
100 x 140
作家蔵

*
森村泰昌
《Sayoko 2：すべてに寄り添う愛と、
すべてを放擲する叡智をあわせ持つ
人。》
Yasumasa Morimura
*Sayoko 2: The one whose love sees
no boundaries and whose wisdom
all abandons*
2015
写真
100 x 140
作家蔵

*
森村泰昌
《Sayoko 3：天界の綺羅から奈落の魑
魅魍魎まで。》
Yasumasa Morimura
*Sayoko 3: From the regalia of the
heavens to the beasts in the abyss*
2015
写真
100 x 140
作家蔵

*
森村泰昌＋福永一夫
《Sayoko 1-3：スタジオにて》
Yasumasa Morimura + Kazuo Fukunaga
Sayoko 1-3: in studio
2015
写真
27.9 x 35.6
作家蔵

以上 4 項目 撮影：福永一夫、ヘア＆
メーキャップ：富川栄、着物デザイン：
江木良彦、レイアウト：高橋歩

*
山口小夜子×生西康典×掛川康典
《風には過去も未来もない》
Sayoko Yamaguchi × Yasunori Ikunishi
× Yasunori Kakegawa
No Past or future for the wind
2015
映像・音響インスタレーション
作家蔵
出演：山口小夜子、山川冬樹、飴屋法
水、灰野敬二、首くくり栲象、山崎阿
弥

*
山口小夜子×生西康典×掛川康典
《夢よりも少し長い闇》
Sayoko Yamaguchi × Yasunori Ikunishi
× Yasunori Kakegawa
Darkness just longer than a dream
2015
映像、音響、マネキン、ボディ、電球、
パイプオルガン
作家蔵
出演：山口小夜子、山川冬樹、灰野敬
二、飴屋法水、山崎阿弥

p. 158
デザイン：山口小夜子
『リア王の悲劇』舞台衣装
Design: Sayoko Yamaguchi
Costumes for *Tragedy of King Lear*
2005
11 着
衣装

p. 177
デザイン：山口小夜子、製作：田中洋
介、スタイリング：高木由利子
ドレス
Design: Sayoko Yamaguchi, Sewing:
Yosuke Tanaka, Styling: Yuriko Takagi
Dress
4 着
衣装

デザイン：太田雅公
ドレス
Design: Masatomo Ota
Dress
1999
2 着
衣装

p. 160
デザイン：毛利臣男、製作：七彩
小夜子ボディ
Design: Tomio Mohri, Production:
Nanasai Co., Ltd.
Sayoko body
2001
6 体
ボディ
神戸ファッション美術館

*
エキソニモ
タイトル未定
exonemo
Untitled (TBD)
2015
写真、モニター
作家蔵

p. 172
構成：高木由利子
蒙古斑革命
Direction: Yuriko Takagi
The Mongolian Spot Revolution
写真コラージュ

*
山川冬樹
《その人が見た未来は僕らの現在》
Fuyuki Yamakawa
*The Future She Saw was Our
Nowadays*
2015
ビデオ・パフォーマンス、山口小夜子
のライフマスク
作家蔵

*
宇川直宏
《DOMMUNE「小夜子の世界夜話」～
Dedicated to 山口小夜子 9.19.1949-
8.14.2007 (180min)》
Naohiro Ukawa
*DOMMUNE "Night tales of Sayoko's
world"~Dedicated to Sayoko
Yamaguchi 9.19.1949-8.14.2007
(180 min)*
2015
映像、マネキン
作家蔵

デザイン：スクナビコナ
ドレス
Design: SQUNABICONA
Dress
2005
衣装

p. 173
撮影：白尾一博
『影向』
演出：生西康典＋掛川康典
Filming: Kazuhiro Shirao
Yogo
Movie/Direction: Yasunori Ikunishi,
Yasunori Kakegawa
2006
映像
白尾一博

*
掛川康典
《空と海の出会う場所》
Yasunori Kakegawa
*The place where the sea meets the
sky*
2015
映像、油彩／カンヴァス
作家蔵

出品作家・新作について

「山口小夜子　未来を着る人」展において、山口小夜子へのオマージュとして、新作を発表する作家は以下の5組である。

生西康典 + 掛川康典

演出家の生西康典と映像作家の掛川康典の二人によるユニット。2003年から最晩年まで、山口小夜子と数多くのコラボレーションを繰り広げた。「六本木クロッシング2004 日本美術の新しい展望」（2004年、森美術館）、「weaving imagination #01」（2004年、川崎市市民ミュージアム）など。

本展ではふたつの新作を発表する。《風には過去も未来もない》は、小夜子と、生前近くで活動した山川冬樹、飴屋法水が時を超えて共演する。彼女に捧げる灰野敬二、首くくり栲象、山崎阿弥の声とともに、此岸と彼岸のあわいの世界を、両者を吹き抜ける風に託して描く。

アトリウムで展開される《夢よりも少し長い闇》は、小夜子がデザインした衣装の展示を、生西・掛川が様々な要素を交えて演出・構成したものである。世田谷パブリックシアターでの公演『リア王の悲劇』（2005）のための衣装8体に加え、小夜子が自分のためにリメイク・デザインした服を着た6体の小夜子ボディ（毛利臣男デザイン）が、生涯にわたり仕事を共にした資生堂の富川栄のヘア＆メーキャップと、生前「蒙古斑革命」プロジェクトをともに立ち上げた写真家・高木由利子のスタイリングによって展示される。生西・掛川の映像、小夜子の朗読、山川、飴屋、灰野らの声、生前ともに活動した長屋和哉、八木美知依、KUKNACKE らの音、藤田陽介の自作パイプオルガンにより、小夜子の気配や呼吸が息づき、光と闇、響きと静寂が交差する空間が現出する。

エキソニモ

千房けん輔と赤岩やえによるアートユニット。インターネットが普及しはじめた90年代から、これを素材として扱い、バーチャルと現実の境界を可視化するなどの作品で、現在に至るまでメディア・アートの領域を牽引し続けている。2006年にはアルス・エレクトロニカにおいて大賞を受賞。山口小夜子がいち早く注目し、雑誌等で紹介した。

本展のための新作は、山口小夜子という、メディアにさらされ、肉体が消滅してからもなおイメージとして拡散しつづける人の存在と不在のあいまいさを、写真やポスターの画像から彼女の姿を消し「小夜子のいない平行世界」を作り出すことで問いかける。この作品を通して、小夜子という表現者の特異性とともに、メディアの本質についても言及する。小夜子のいない空間は、「何でも着ることができる」と言っていた彼女にとっての身体の外、つまりは衣服そのものを象徴的に示すものでもある。

宇川直宏

1968年生まれ。映像作家、VJ、グラフィックデザイナー、大学教授、「現在美術家」など多数の肩書を持ち、大衆文化と芸術の間の領域を自由に渡り歩く。2010年の立ち上げ以来、現在に至るまで月曜日から木曜日の毎夜開催されるライヴストリーミング・スタジオ兼プログラム「DOMMUNE」は驚異的なビューワー数とともに、各界に多大な影響力を持つ。山口小夜子とは藤乃家舞とともに、音楽ユニット「SUNZU」を結成。また、2002年、横須賀功光と共に小夜子の全身体フォルムをくまなく3Dムービーに残すプロジェクトを立ち上げるが、その直後の横須賀の死によって未完に終わっている。

本展のための新作は、彼の美術家としての作品でもある「DOMMUNE」の番組を収録するが、配信はせず、故・小夜子本人に捧げるためだけに制作するというもの。小夜子マネキンが見守るなか、ゆかりの人たちが「小夜子とは何だったのか」を語る3時間プログラムにより、彼女へのオマージュとしてのこの展覧会のコンセプトが浮かび上がる。

山川冬樹

1973年生まれ。音を媒介に身体の領域拡張を試みつつ、美術、音楽、舞台芸術など複数の表現手段を横断しながら活動する。トゥバ共和国の歌唱法「ホーメイ」の歌手としても活躍している。代表作《The Voice-Over》は東京都現代美術館収蔵。山口小夜子とは「あ・お・い」（2006年、パラボリカ・ビス）などのパフォーマンスで共演している。

本展のための新作《その人が見た未来は僕らの現在》は、小夜子が過去に出演した、福島を舞台とするある映画をモチーフにしている。映像の中で、小夜子のライフマスクをつけ、ロケ地を辿りつつ彼女を「受肉」するパフォーマンスを行なう山川は、自らの身体を介して、彼女が見ていた未来と自分たちの現在を重ね合わせる。

森村泰昌

1951年生まれ。1985年から今日に至るまで、一貫して「自画像的作品」をテーマに作品を作り続ける。「空想美術館／絵画になった私」（1998年、東京都現代美術館他）をはじめ国内外で多数の個展、グループ展に参加するほか、「ヨコハマトリエンナーレ2014」ではアーティスティック・ディレクターを務めるなど、幅広く活躍を続けている。

本展のための新作《Sayoko 1：百年の孤独から千年の愉楽まで。》、《Sayoko 2：すべてに寄り添う愛と、すべてを放擲する叡智をあわせ持つ人。》、《Sayoko 3：天界の綺羅から奈落の魑魅魍魎まで。》は、彼女の死の直前、新聞紙面で往復書簡を交わすことになっていた森村が、その未完のプロジェクトを完成すべく取りかかったもの。資生堂ポスターの中の小夜子になり替わることで、森村は、それらのイメージが自らにもたらした影響を、その内側から理解しようとする。着付けの江木良彦、ヘア＆メーキャップの富川栄という小夜子とともに仕事をしてきた人たちとの協働の過程も、《Sayoko 1-3：スタジオにて》のタイトルのもと、作品の重要な要素として提示される。

凡例：
山口小夜子の旧蔵資料および関係者へのインタビューをも
とに作成した。時系列順にまとめたが、月日を特定できな
いものはその年の冒頭に記した。映画、テレビ放映作品、
レコード等の月日はそれぞれ初公開、初放映、リリース日
を表わす。モデルとして参加したコレクション、ショーに
ついては、主なもののみを記した。イヴェントなどのタイ
トルについては、広報印刷物の表記に従った。
［編：藪前知子・現王園セヴィン］

1949年
9月19日　神奈川県横浜市に生まれる。生家は山手の外国人墓地近くにあった。

1968年
4月　絵を描くのが好きだったことから美術大学への入学も考えたが、服作りを学ぶため、杉野学園ドレスメーカー女学院に入学。学友たちから仮縫いのモデル
を頼まれるようになる。

1970年頃　服作りの傍ら、イヴェントややまもと寛斎の仮縫いなどで、モデルとしての仕事を始める。

1971年　やまもと寛斎のロンドン・コレクション凱旋ショーに参加。［渋谷西武百貨店（東京）］
同じ頃、高橋靖子の紹介でザンドラ・ローズのショーのメインに抜擢され、注目を集める。［池袋西武百貨店（東京）］

1972年　ジャン＝マリー・アルマンのパリ・オートクチュール・コレクションに出演。以後、パリおよびニューヨークのプレタポルテ・コレクションに毎年参加する。
7月14日　『私がつくった番組　マイテレビジョン：三宅一生　EVERY おんな BODY』に出演。［テレビ東京］

1973年　資生堂と専属契約を結び『クインテス』『シフォネット』『ベネフィーク』の宣伝キャンペーンに出演。
3月　三宅一生の初めての秋・冬パリ・コレクションに出演。このときパリで高田賢三に会い、次の '74年春・夏コレクションからメインのモデルとして出演
するようになる。
2月1日　『私がつくった番組　マイテレビジョン：やまもと寛斎のロックファッションショウ』に出演。［テレビ東京］
8月1日 - 5日　東京キッドブラザース・フォークミュージカル『猿のカーニバル』（作／演出：東由多加）に出演。秋山リサ、椎谷健治、内田裕也、大口ヒロシらと共演。
［青山タワーホール（東京）］

1974年
6月22日　ロックンロール・グループ「キャロル」を描いたドキュメンタリー映画『キャロル』（監督：龍村仁）に特別出演。
9月9日　『ニューズウィーク』誌で「世界の4人の新しいトップモデル」として紹介される。

1975年
5月30日 - 31日　『ケンゾー '75-'76 秋・冬コレクション』（プロデュース：大出一博、舞台監督：武井泉）に出演。［日本大学講堂（東京）］

1976年
1月24日　映画『ピーターソンの鳥』（監督：東由多加）に出演。
2月19日 - 20日　『76年度毎日デザイン賞記念ショウ：Issey Miyake in Museum - 三宅一生と一枚の布』に出演。［西武美術館（東京）］
3月1日 - 4日　ファッションショー『森英恵の世界』（構成：森英恵、演出：藤田敏雄）に出演。［PARCO 西武劇場（東京）］
6月17日 - 20日　やまもと寛斎 '76-'77 秋・冬パリ・コレクション『炎の如く』に出演。［大本山増上寺ホール（東京）］

1977年　ロンドンのアデル・ルースティン社が SAYOKO マネキンを制作。各国のショーウィンドーを飾る。
2月23日 - 3月6日　舞台『中国の不思議な役人』（演出：寺山修司、音楽：J.A. シーザー）に出演。伊丹十三、新高恵子、蘭妖子、サルバドール・タリらと共演。［PARCO
西武劇場（東京）］
6月8日 - 10日、
7月10日　やまもと寛斎 '77-'78 パリ・コレクション『情念』（演出：やまもと寛斎）に出演。［赤坂プリンスホテル（東京）、福岡電気ホール（福岡）］
7月12日 - 20日　舞台『中国の不思議な役人』（演出：寺山修司）の再演。［PARCO 西武劇場（東京）］
9月　藤井秀樹撮影のポートレイトが、スティーリー・ダンのアルバム『彩（エイジャ）』のカバーに使われる。
10月22日　映画『杳子』（監督：伴睦人、撮影：渡部眞、原作：古井由吉）で杳子役を演じる。
11月26日　やまもと寛斎 '78 パリ・コレクション『風に舞う』に出演。［椿山荘（東京）］

1978年
2月25日　映画『原子力戦争』（監督：黒木和雄、原作：田原総一朗）に出演。原田芳雄と共演。
5月19日　やまもと寛斎 '78-'79 秋・冬パリ・コレクション『北斗』（演出：やまもと寛斎）に出演。［品川スポーツランド（東京）］

1979年
11月19日　花井幸子のショーのために1年間かけて撮りおろされた映画『四季の追想』（監督／脚本：花井幸子）に出演。
11月27日　やまもと寛斎 '80 春・夏パリ・コレクション（プロデュース：大出一博）に出演。［文化学園（東京）］

1981年　舞台『山口小夜子の世界 - 小夜子』（演出：重延浩）に出演。［PARCO 西武劇場（東京）］
11月7日　映画『上海異人娼館　チャイナ・ドール』（監督／脚本：寺山修司、製作：九條映子、音楽：J.A. シーザー）に出演。原作は『O嬢の物語』。高橋ひとみ、
クラウス・キンスキーらと共演。

１９８２年

7月6日　『7.6 晴海 寛斎パッションナイツ』（演出：やまもと寛斎、江橋洋）に出演。杖鼓舞を披露し音楽制作にも携わる。宇崎竜童、大島渚、西城秀樹らと共演。[晴海国際見本市会場（東京）]

12月23日　『林英哲コンサート：空をたたいて透く』（構成／振付：麿赤児）に出演。[日仏会館（東京）]

１９８３年　ファッション・エディターズ・クラブより「第27回FEC賞」を受賞。

3月1日　『小夜子の魅力学』を出版。（文化出版局）

7月　小夜子をブランド・キャラクターに起用した着物ブランド『小夜子・紅一点』が京都丸紅から発表される。

12月3日　『やまもと寛斎大寛激祭』に出演。宇崎竜童、林英哲、高橋恵子らと共演。[両国国技館（東京）]

１９８４年　「第2回毎日ファッション大賞特別賞」を受賞。

9月18日 - 30日　横須賀功光 写真展『小夜子』（会場構成：やまもと寛斎）開催。[資生堂 ザ・ギンザ（東京）]

10月　『星だったのに、晶子。－吉岡しげ美、今、与謝野晶子を歌う－』（構成／演出：古賀憲一）に語りとして出演。[紀伊国屋ホール（東京）]

11月 - 12月　ベルコモンズクリスマスキャンペーン『遊女神、15人からのごほうび』（主催：鈴屋）に出演。[青山ベルコモンズ（東京）]

12月15日　『寛斎元気主義』（構成／演出：やまもと寛斎）に出演。[後楽園球場（東京）]

１９８５年

7月　『ハンカチーフ パフォーマンス：夢一枚』に出演。[ラフォーレミュージアム飯倉800、同500]

１９８６年　京都丸紅の着物ブランド『そしてゆめ』の企画・デザインを手がける。

2月14日 - 28日　横須賀功光 写真展『月 小夜子／山海塾』開催。[渋谷スタジオパルコ SPACE・5（東京）]

6月21日 - 7月6日　舞台『忘れな草』（演出：佐藤信、脚本：岸田理生、原案：フランク・ヴェデキント）に主演。[スパイラルホール（東京）]

１９８７年

1月14日 - 21日　パフォーミング・アーツ『心エネルギー　羽衣伝説』（演出：鉄丸（やまもと寛斎））に出演。林英哲、YAS-KAZと共演。[PARCO劇場（東京）]

7月　『ケンゾー夢工場　Collection ケンゾー A/W '87-'88』に出演。[新国技館（東京）]

9月19日　パフォーマンス『イメージのマンダラ 輝く姫』（総合演出：和田勉、装束制作：ワダエミ、振付：ロクサン・スタインベルグ、音楽：YAS-KAZ）に出演。[高野山金剛峯寺根本大塔（和歌山）]

11月14日 - 18日　『KANSAI FASHION SPECTACLE：行くぞッ』に出演。[大谷資料館（埼玉）]

11月21日 - 23日　KARAS ダンスパフォーマンス『月の駅』（振付／構成：勅使川原三郎）に出演。[汐留駅跡地（東京）]

１９８８年　企画・デザインを担当した京都丸紅の着物ブランド第二弾『そしてゆめ・夏のきもの』と新ブランド『山口小夜子・わすれな草』を発表。

1月29日 - 2月3日　KARAS ダンスパフォーマンス『夜の思想』（構成／演出／振付：勅使川原三郎）に出演。[スタジオ200（東京）]

3月15日 - 17日　KARAS ダンスパフォーマンス『EXOTIC SHOWCASE YOKOHAMA FLASH：サブロ・フラグメント』（構成／演出／振付：勅使川原三郎）に出演。[横浜三菱倉庫（神奈川）]

6月30日 - 7月13日　KARAS ダンスパフォーマンス『石の花』（構成／演出／振付：勅使川原三郎）に出演。[インターナショナル・ダンスフェスティバル ダンス・ア・エックス（エクス＝アン＝プロヴァンス）]

7月29日 - 8月12日　KARAS パフォーマンス『体の夢』（構成：勅使川原三郎）に出演。[利賀フェスティバル89（富山）]

8月1日 -31日　KARAS ダンスパフォーマンス『石の花』（構成／演出／振付：勅使川原三郎）に出演。[東京国際演劇祭（東京）]

9月15日　トータル・シアター『月の蓮 '88』（総合演出：YAS-KAZ）に出演。勅使川原三郎、YAS-KAZと共演。[昭和女子大学・人見記念講堂（東京）]

11月25日　『モーリ・マスク・ダンス：Part1 去来』（劇曲／脚本／構成／美術／衣装／振付：毛利臣男、音楽：越智義郎）に出演。我妻マリ、田島順子らと共演。[石川県立能楽堂（石川）]

12月　『SANYO POW WOW TIME セ・シ・盆踊り』（ディレクター：中川比佐子、構成：劇団青い鳥）に勅使川原三郎とゲスト出演。[スパイラルホール（東京）]

１９８９年　KARAS ダンスパフォーマンス『石の花』世界ツアーに参加。スペイン、アメリカ、カナダ、ベルギー、イギリス、日本などを巡業。

短編ドキュメンタリー映画『石の花 ISHINOHANA』（監督：勅使川原三郎）に出演。

3月16日　企画・デザインを担当する京都丸紅の着物ブランド『そしてゆめ』の初の展示会（空間構成：勅使川原三郎）開催。[銕仙会能楽堂（東京）]

3月31日 - 4月8日　勅使川原三郎ダンス公演1989『メランコリア』『石の花』に出演。[SPACE PART3（東京）]

9月1日　『NHK音楽ファンタジー：カルメン』（脚本：佐藤信、音楽：池辺晋一郎、振付：花柳寿次郎）に主演。共演は坂東八十助、イズマエル・イヴォ。衣装も江木良彦と共に担当。イタリア賞テレビ音楽部門（1989）、国際エミー賞公演芸術部門優秀賞（1990）、第10回モントリオール国際芸術フィルムフェスティヴァル（1992）を受賞。

9月15日　映画『利休』（監督：勅使河原宏）に茶々役で出演。三國連太郎、三田佳子、山崎努らと共演。

１９９０年　靴の新ブランド『SAYOKO YAMAGUCHI』をダイアナから発表。

7月6日 - 31日　舞台『チャイコフスキー殺人事件』（演出：西川信廣）に出演。[銀座セゾン劇場（東京）]

10月　SEIKOの新ブランド『Le Vent』の腕時計をデザイン。

10月　SEIKOの腕時計ブランド『Le Vent』デビュー・エキジビション『時は風なり』（総合プロデュース：和田淑美）に出演。[スパイラルホール（東京）]

11月1日 - 12日　舞台『劇団昴公演：三島由紀夫近代能楽集　綾の鼓』（演出：酒井洋子）に出演。[三百人劇場（東京）]

１９９１年

2月1日　オペラ『OPERA －緋色の夜を千年のかりそめ－』（構成／演出：佐藤信、衣装：平野徳太郎）に出演。[平野徳太郎アトリエ（京都）]

7月1日 - 6日　『モーリ・マスク・ダンス：Part3 輪奏舞』（劇曲／脚本／構成／美術／衣装／振付：毛利臣男）に出演。[NHK衛星第2放送「重低音サウンド・スペシャル」]

１９９２年　下着ブランド『サヨコ・ヤマグチ・ファンデーション』を木屋から発表。

5月18日 - 20日　展示会『マインドギア／神と仏』に自作の仏壇を出展。[六本木アクシスギャラリー（東京）]

5月23日　『桃山晴衣 梁塵秘抄コンサート 大垣ルネッサンス：代々の雅－春錦・梁塵秘抄』にて独舞を舞う。[大垣市民会館ホール（岐阜）]

5月30日 - 31日　『桃山晴衣ニューヴァージョン：遊びをせんとや 生まれけむ』にて独舞を舞う。[ラフォーレミュージアム原宿（東京）]

9月11日 - 20日　『結城座公演 糸あやつり人形芝居：ペレアスとメリザンド』（演出：佐藤信）に主演。[品川寺田 F 号倉庫（東京）]

10月8日 - 9日　KARAS ダンスパフォーマンス『石の花』（構成／演出／振付：勅使川原三郎）。[セビリア万国博覧会（セビリア）]

12月23日 - 24日　『千年の街のクリスマス』（演出：蜷川幸雄、音楽：宇崎竜童）に出演。高岡早紀、浅丘ルリ子、岸恵子らと共演。[長崎オランダ村ハウステンボス内ユ
　　　　　　　　トレヒトプラザ（長崎）]

1993年　デザインした眼鏡『山口小夜子デザインフレーム』を増永眼鏡から発表。
3月　『日本の服です。撫松庵・青々庵 15 周年展示会：私・ご・の・み』に出演。[ラフォーレミュージアム赤坂（東京）]

5月　KARAS ダンスパフォーマンス『NOIJECT』（構成／演出／振付：勅使川原三郎）に出演。[Gasteig Carl-Orff-Saal（ミュンヘン）]

7月30日 - 8月7日　短編映画『T-CITY』（監督：勅使川原三郎）に出演。荒木経惟が KARAS を捉えた映像作品『ケシオコ KESHIOKO』と共に上映。[スパイラルホール（東京）]

12月16日　KARAS ダンスパフォーマンス『NOIJECT』（構成／演出／振付：勅使川原三郎）に出演。[愛知県芸術劇場大ホール]

1994年
1月13日 - 17日　ダンスパフォーマンス『NOIJECT』（構成／演出／振付：勅使川原三郎）に出演。[天王洲アイル・アートスフィア（東京）]

2月4日 - 6日　ダンスパフォーマンス『NOIJECT』（構成／演出／振付：勅使川原三郎）に出演。[府民ホールアルティ（京都）]

4月24日　『平安建都 1200 年記念　京都シティーフィル合唱団第 20 回記念演奏会：カルミナ・ブラーナ』（作曲／語り：カール・オルフ、演出：壌晴彦）の大阪公
　　　　　演に語りとして参加。[大阪ザ・シンフォニーホール（大阪）]

1995年　KARAS ダンスパフォーマンス『Here to Here』『NOIJECT』（構成／演出／振付：勅使川原三郎）の世界ツアーに参加。ヨーロッパを中心に 13 カ所を巡業。
3月　イッセイ ミヤケ '95-'96 秋・冬パリ・コレクションに久々にモデルとして出演。[CARROUSEL DU LOUVRE（パリ）]

10月　イッセイ ミヤケ '96 春・夏パリ・コレクションに出演。[CARROUSEL DU LOUVRE（パリ）]

11月6日　『髙田みどり打楽器の世界 vol.1　韓国・豊饒なる音の流れ 韓国：月待つ宵に～根五百年（ハンオベクニョン）の世界』に出演。池成子（チ・ソンジャ）と共演。
　　　　　[パナソニック・グローブ座（東京）]

1996年
6月1日 - 8月4日　アトランタ・オリンピック・アートフェスティバルにて、ダンスパフォーマンス『NOIJECT』（構成／演出／振付：勅使川原三郎）に出演。[アトランタ・
　　　　　　　　シビックセンター（アトランタ）]

1997年
2月20日 - 21日　『東京国際フォーラム開館記念オペラ：青ひげ公の城』（作曲：バルトーク、演出：天児牛大）に 3 人の女の 1 人として出演。衣装デザインも手がける。[東
　　　　　　　　京国際フォーラム（東京）]

5月6日　『草月流創流祭 イッセイ ミヤケコレクション "FLOWERS"』（演出：勅使川原三郎）に出演。[東京国際フォーラム（東京）]

5月29日 - 31日　ケンゾー '97-'98 秋・冬『TOKYO MODE BREATH』に出演。[有明 TFT ホール（東京）]

6月9日 - 7月6日　ペーター佐藤を偲び命日に合わせて開催されたペーターズギャラリー企画展『Friends』に参加。[ペーターズ・ショップアンドギャラリー（東京）]

9月16日 - 25日　『モーリの色彩空間：Part1 Black&White』（美術監督：毛利臣男）に写真モデルとして参加。[スパイラルガーデン（東京）]

12月19日　朗読舞台『文芸シリーズ 世紀末を読む三夜－それぞれの愛－：第一夜　片腕』（原作：川端康成、構成／演出：竹邑類）にて朗読。[ORIBE HALL（東京）]

1998年
3月13日、15日、　オペラ『三人姉妹』（演出：天児牛大）の衣装デザインを担当。フランス・リヨン国立歌劇場で世界初演。
17日、19日、21日、24日

6月8日 - 21日　ペーターズギャラリー企画展『Friends』に参加。[ペーターズ・ショップアンドギャラリー（東京）]

7月19日　イヴェント『青森県文化観光立県宣言』（音楽監督：林英哲）に出演、共演は白石かずこ、大野慶人、山上進ほか。[三内丸山遺跡（青森）]

10月6日 - 11月3日　『モーリの色彩空間：Part2 百仮面』（美術監督：毛利臣男）に仮面を出品。[スパイラルガーデン（東京）、アートスペース感（京都）]

1999年
2月19日　『EXPERIMENT vol.1：ガルシア・マルケスの世界』（プロデューサー：立川直樹）に出演。テキスト構成／演出／衣装も手がける。[横浜ランドマークホー
　　　　　ル（神奈川）]

10月　高田賢三のブランド・デザインからの引退となった『ケンゾー 30 周年記念 2000 年春・夏パリ・コレクション』に出演。[LE ZENITH（パリ）]

2000年
8月　i モード・サイト『The END Channel』（企画／監修：立花ハジメ）に 5 人のアーティストの 1 人として参加。

10月19日　『モーリ・マスク・ダンス：Part4 千年花』（劇曲／構成／美術／衣装／振付：毛利臣男）に主演。[京都造形芸術大学瓜生山楽心荘（京都）]

2001年
3月22日 - 5月8日　『モーリの色彩空間：Part5 小夜子』（美術監督：毛利臣男）開催。『小夜子に着せたい服』を内外 50 人以上のクリエイターが表現。[神戸ファッション美
　　　　　　　　術館（兵庫）]

5月24日 - 5月26日　詩劇『AMATERASU』（美術監督：毛利臣男）に主演。共演は加藤雅也。[ドルリー・レーン王立劇場（ロンドン）]

10月27日　映画『ピストルオペラ』（監督：鈴木清順、脚本：伊藤和典）に出演。共演は江角マキコ。

12月14日　『SAYOKO YAMAGUCHI & YUTA IKEGAMI』に DJ として出演。[恵比寿 MILK（東京）]

2002年
1月26日 - 3月24日　『版画家池田満寿夫の世界展』で小夜子をモデルとした『SAYOKO』シリーズが展示される。[東京都美術館（東京）]

3月9日　映画『Soundtrack』（脚本／監督：二階健）に出演。SUGIZO、柴咲コウらと共演。

6月7日　『Cemetery Records presents サノバラウド～ CD" サノバラウド" 発売記念～』に DJ として出演。[恵比寿 MILK（東京）]

6月25日　『満月の十三祭り：月のかがみに遊ぶ』（演出：天児牛大）に出演、語りと踊りを行なう。唄はミネハハ。[池上本門寺・屋外特設舞台（東京）]

7月13日　『binary soup』に DJ として出演。[青山 CAY（東京）]

10月18日　東大寺大仏開眼 1250 年大慶讃『林英哲和太鼓コンサート：光の蓮』第 2 部のゲストとして出演。[東大寺・野外特設舞台（奈良）]

12月20日　『Cemetery Records presents サノバラウド 2 ／ "原液大戦"：巴戦』で藤乃家舞（ベース）、宇川直宏（VJ）と共演。[恵比寿 MILK（東京）]

2003年

4月4日 『Cemetery Records presents サノバラウド4／"恵比寿番外地"』に「SUNZU」（山口小夜子×藤乃家舞×宇川直宏）として参加。[恵比寿MILK（東京）]

5月2日 ダンスパフォーマンス『響命』（プロデュース：大倉正之助）にて舞う。共演はUAら。[恵比寿ガーデンプレイス・シャトー広場（東京）]

7月4日 『Lu Nuit Japonesque ～ジャポネスクの夜～』に出演。舞：山口小夜子、筝：八木美知依、映像：生西康典。[SuperDeluxe（東京）]

9月13日-15日 『身体のエッジプロジェクト第3弾：Hot Head Works Session 2003』のスペシャルコラボレーティヴパフォーマンス『アフロディーテ in the キャバレー～遊戯するものたちの交換～』に出演。近藤良平、上杉貢代らと共演。[横浜赤レンガ倉庫1号館（神奈川）]

10月8日 『金沢国際デザイン研究所：KIDI PARSONS デザインスクール2003年展』の特別イベントにて舞う。映像／演出：生西康典＋掛川康典。[JIA館1階 アーキテクト・ミュージアム（東京）]

2004年

1月30日 朗読・ダンスパフォーマンス『ビックリハウス祭：第一夜 ビックリハウス大パーティー エーッ！30年ヤバクナイ？』にて舞と朗読。映像／演出：生西康典＋掛川康典。[渋谷クアトロ（東京）]

3月 アントニオ・マラスがデザイナーに就任したケンゾーの '04-'05 秋・冬パリ・コレクションに出演。

3月 『静岡県グランシップオリジナル制作 糸あやつり人形劇：人形たちとの源氏物語～夢の浮橋～』にて人形美術を担当。[グランシップ中ホール・大地（静岡）]

6月12日 『ネアンデルタールな夜』にてDJとして出演。[RED SHOES（東京）]

7月1日 パフォーマンスライヴ『全ての美しい闇のために』（音楽：長屋和哉、映像：ミナミーノ）にて舞う。[SuperDeluxe（東京）]

7月17日 『Media Art Today 第1弾：weaving imagination #0 想像力を織り込む表現』に出演。映像：生西康典＋掛川康典、音：KUKNACKE、外山明と共に『モーショングラフィックスと音楽と身体によるパフォーマンス』を行なう。[川崎市市民ミュージアム（神奈川）]

9月18日 ダンスパフォーマンス『Fantasia 炎』十日町市文化協会10周年記念イヴェントにて舞う。林英哲、山川冬樹らと共演。[越後妻有交流館キナーレ（新潟）]

9月25日-10月11日 舞台『リア王の悲劇』（演出／美術：佐藤信）に意匠担当として参加。[世田谷パブリックシアター（東京）]

2005年

7月1日 ライヴイヴェント『楽し音！』に「山口小夜子＆A.K.I.PRODUCTIONS」として出演。他にテニスコーツのDJ、生意気のVJなど。[SuperDeluxe（東京）]

7月22日-24日 『静岡県グランシップオリジナル制作 糸あやつり人形劇：人形たちとの源氏物語～夢の浮橋～』（演出：佐藤信）にて人形美術を担当。[世田谷パブリックシアター（東京）]

9月16日 『じゃぽねすくの夜、その二』（映像／演出：生西康典＋掛川康典）で舞と朗読を行なう。八木美知依（20絃箏、17絃箏）と共演。[SuperDeluxe（東京）]

10月2日 『ダンスコンテスト東京コンペ#2：ダンス＆パフォーマンス部門バザール大賞』の審査員として近藤良平、小池博史と共に参加。[丸ビルホール（東京）]

10月15日-16日 『RAW LIFE 2005』にてA.K.I.PRODUCTIONSと共演。[アクアマリンスタジオ（千葉）]

10月17日 NHK BS『BSふれあいホール』本條秀太郎特集収録。三味線：本條秀太郎、舞／朗読：山口小夜子、映像：生西康典＋掛川康典、サウンド・デザイン：AO。11月10日に放映。[NHK ふれあいホール（東京）]

10月23日 『TOKION CREATIVITY NOW TOKYO：乙女の世界へようこそ』にトークゲストの1人として参加。他参加者は、嶽本野ばら、辛酸なめ子、米原康正、宇川直宏。[ラフォーレ・ミュージアム原宿（東京）]

12月9日 『The Project of 山口小夜子×高木由利子：蒙古斑革命～光と闇の夜～』（映像／演出：生西康典＋掛川康典）で舞と朗読を行なう。[CLASKA（東京）]

2006年

2月1日 『オーストラリア - 日本 ダンスエクスチェンジ2006』黒田育世作品の衣装を担当。[横浜赤レンガ倉庫1号館3Fホール（神奈川）]

2月26日 ライヴパフォーマンス『源氏物語 葵 AOI』（映像／演出：生西康典＋掛川康典）にて舞と朗読を行なう。[SuperDeluxe（東京）]

4月6日 統合・再編され新規開校した都立忍岡高等学校の制服をデザインし、入学式で講演を行なう。

6月30日 『Cemetery Records／FAR presents サノバラウド20!!!!!／キンキュウ・ヘヴィ！見切発射!!!!!』に「山口小夜子×A.K.I.PRODUCTIONS」で出演。[Shibuya O-EAST（東京）]

7月22日 『松岡正剛 連塾2 第一講：数寄になったひと』でパフォーマンスを行なう（映像／演出：生西康典＋掛川康典）。他出演者は柳家花緑、内藤廣、十文字美信、福原義春、小堀宗実、金子郁容。[時事通信ホール（東京）]

8月26日 『鈴乃屋 清鈴苑きものショー』に特別ゲストとしてモデル出演。[ホテルニューオータニ・芙蓉の間（東京）]

9月1日-2日 『国立劇場開場四十周年記念・日本の太鼓30回記念：空海千響』（企画／構成：林英哲）に出演。[国立劇場（東京）]

10月14日 企画展『ジュエリーの今：変貌のオブジェ』（10.7-12.10）内の関連イヴェントでのパフォーマンス『金色の光彩～山口小夜子 日本のアートジュエリーと遊ぶ』（映像／演出：生西康典＋掛川康典）に出演。[東京国立近代美術館工芸館（東京）]

12月16日、26日 『夜想耽美展：SPECIAL EVENT 山口小夜子 'あ・お・い'』（映像／演出：生西康典＋掛川康典）で山川冬樹と共演。[Galleria Yaso nacht（東京）]。展覧会『夜想耽美展 sense of beauty』の関連イベント。

2007年

2月19日 『資生堂プロフェッショナル主催：Beauty Revolution 2007』（演出：重延浩、照明：藤本晴美）で朗読と舞を行なう。[グランパシフィック・メリディアン（東京）]

5月5日 『Cemetery Records／FAR presents サノバラウド25／"誤執念キ燃!!!!!"』で「夕鶴」をモチーフにした朗読と、CDJとして参加。[Shibuya O-EAST（東京）]

7月21日 映画『馬頭琴夜想曲』（監督：木村威夫）に出演。鈴木清順らと共演。

8月14日 肺炎のため死去。

9月8日 築地本願寺本堂にて『山口小夜子さんを送る夜：SAYONARA SAYOKO』。友人代表は藤本晴美、三宅一生、松岡正剛、重延浩、天児牛大、大出一博、鈴木清順、福原義春、今栄美智子、高田賢三。

2009年

3月28日 ジャパン・ファッション・ウィークの会期中に、『JFW映像スペシャルイベント 日本が生んだ世界のファッションモデル…世界を陶酔させた東洋の粋"小夜子"』と題し、その仕事を映像に編集した上映会が開催される。[東京ミッドタウン・ホール（東京）]

2015年

4月11日-6月28日 回顧展『山口小夜子 未来を着る人』が東京都現代美術館にて開催。

謝　辞

本展覧会の開催とカタログの刊行にあたり、出品作家、下記のご関係者の皆様、ならびにここにお名前を記すことのできなかった方々から、貴重な資料のご提供をはじめとする多大なご協力をいただきました。ここに深く感謝の意を表します。（敬称略）

生西康典
宇川直宏
エキソニモ
掛川康典
森村泰昌
山川冬樹
高木由利子
近藤女公美

株式会社オフィスマイティー

INFAS.com
株式会社エディスグローブ
公益財団法人江戸糸あやつり人形　結城座
株式会社ＭＧＳ照明設計事務所
EMON PHOTO GALLERY
CROMANYON
KARAS
木楽舎ソトコト編集部
KENZO TAKADA Co.,ltd.
ケンゾー・パリ
神戸ファッション美術館
山海塾
ＳＵＮプロデュース株式会社
静岡県文化財団
文化出版局装苑編集部
株式会社資生堂
世田谷パブリックシアター
多摩美術大学映像演劇学科
テレビマンユニオン
株式会社七彩
株式会社プリズム
WHITELIGHT.Ltd.
ミヅマアートギャラリー
公益財団法人三宅一生デザイン文化財団
株式会社モデュレックス
株式会社山本寛斎事務所
吉忠マネキン株式会社
株式会社ワコールアートセンター

AO
浅野順子
天児牛大
天野幾雄
天野舞子
飴屋法水
荒木経惟
池田公信
池田野歩
石井達朗
和泉佳奈子
伊東篤宏
稲葉まり
稲荷森健
岩田高明
位田聡子
UA
植田詩織
上松エリサ
宇都宮萌
ヴィヴィアン佐藤
江木良彦
A.K.I.PRODUCTIONS
大石一男
大出一博
大柿光久
大木敏行
大城真
太田雅公
大舘奈津子
大森昌子
小川雅代
奥山奈央子
奥山緑
小駒豪
小澤未希
Onozaki Lui
於保佐由紀
柏木久美子
菊本由美子
岸野桃子
木村絵理子
KUKNACKE
日下恵理子
KUJUN
首くくり栲象
久米正美
栗原佑実子
黒田育世
菜野有香
小池一子
小泉智佐子
小暮徹

小林恵理子
小町谷圭
小松整司
小峯健治
コロスケ
今野裕一
佐伯千賀子
坂本正郁
笹目浩之
佐藤朝美
佐藤信
佐藤眞彰
佐藤嘉洲
沢渡梢
沢渡朔
澤田麻希
重延浩
篠山紀信
下村一喜
白石尊信
白尾一博
新谷暢之
菅井高志
鈴木健太
鈴木清順
鈴木朋幸
鈴木三月
住佳織衣
そのみ
高井康子
高田賢三
高橋靖子
高谷健太
立花ハジメ
田中洋介
津村耕佑
勅使川原三郎
富川栄
中尾良宣
中里公子
中西俊夫
仲西祐介
中原楽
中村明一
永戸鉄也
長屋和哉
鍋田智久
西島亜紀
信藤洋二
灰野敬二
萩原朔美
ぱくきょんみ
橋本希望

長谷川優樹
浜田久仁雄
林英哲
BAL
マイア・バルー
半田誠一
引間佑太
樋口昌樹
平田陶子
Boo
福澤香織
藤井立秀
藤田陽介
藤本晴美
古屋友香理
堀つばさ
松岡正剛
松蔭浩之
松本弦人
松本貴子
松本俊夫
松本律子
丸岡るみ子
丸山智
水沼一樹
三村伸子
三宅一生
宮崎香菜
毛利臣男
八木美知依
柳瀬励
山辺真美
山本寛斎
山本圭太
山本裕子
結城孫三郎
横須賀安理
横木安良夫
吉田悠樹彦
吉住唯
与田弘志
脇本真光
Gerard Amsellem
Letizia Calcamo
Hans Feurer
Sylvie Flaure
Anne Fory
Mike Kubeck
Serge Lutens
Pierre et Gilles
Laetitia Roux
Lavinia Schimmelpenninck
Andre Werther

山口小夜子　未来を着る人
SAYOKO YAMAGUCHI – the Wearlist, Clothed in the Future

会　　期　2015 年 4 月 11 日 — 6 月 28 日
会　　場　東京都現代美術館
主　　催　公益財団法人東京都歴史文化財団　東京都現代美術館、読売新聞社、美術館連絡協議会
特別協賛　株式会社資生堂
協　　賛　ライオン、清水建設、大日本印刷、損保ジャパン日本興亜、日本テレビ放送網
協　　力　株式会社オフィスマイティー、株式会社 MGS 照明設計事務所、神戸ファッション美術館、
　　　　　株式会社七彩、多摩美術大学映像演劇学科、株式会社プリズム、株式会社エディスグローヴ、
　　　　　WHITELIGHT.Ltd、株式会社モデュレックス

出品作家：
山口小夜子

生西康典
宇川直宏
エキソニモ
掛川康典
森村泰昌
山川冬樹

出品協力：
株式会社オフィスマイティー

企画／構成：
藪前知子（東京都現代美術館）

ディスプレイ・デザイン：
天野舞子、奥山奈央子（Amano Creative Studio Inc.）
岸野桃子、小林恵理子、信藤洋二（株式会社資生堂）
西野哲也（SHURIKEN PRODUCTS）

照明デザイン：
藤本晴美、大柿光久（株式会社 MGS 照明設計事務所）
山本圭太、小町屋圭

照明協力：
株式会社モデュレックス
多摩美術大学映像演劇学科

映像・音響設営等協力：
WHITELIGHT.Ltd
株式会社エディスグローブ
株式会社プリズム

会場設営：
スーパーファクトリー

技術監修：
山元史朗

ヘア＆メーキャップ監修：
富川栄（株式会社資生堂）

衣装展示監修：
田中洋介

衣装スタイリング／「蒙古斑革命」展示室構成：
高木由利子

サウンド・エンジニアリング：
稲荷森健、AO、大城真、池田野歩

広報担当：
小原久実子（東京都現代美術館）

凡　例

・本書は、東京都現代美術館にて開催された展覧会「山口小夜子　未来を着る人」に関連して刊行された。

・本書では以下の略号を用いた。AD：アート・ディレクター、D：デザイナー、CAD：クリエイティヴ・アート・ディレクター、PL：プランナー、
　　VJ：ヴィジュアル・ジョッキー、CDJ：コンパクト・ディスク・ジョッキー。

・本書に使用した図版のクレジットは本ページにまとめた。

・グレーの帯状の線とともに掲載した文章は、山口小夜子の発言の抜粋である。出典は以下の通り。

　　　p.29：山口小夜子「未来を生きる君へ——山口小夜子さんからの伝言」『朝日新聞』2004 年 10 月 31 日

　　　pp.34、138、164：「連載：今、素敵なひとの夢中② 　山口小夜子」『和楽』2005 年 5 月号

　　　p.100：資生堂『美と知のミーム、資生堂』求龍堂、1998 年

　　　p.112：山口小夜子『小夜子の魅力学』文化出版局、1983 年

　　　p.122：横須賀功光『光と鬼：横須賀功光の写真魔術』パルコ出版、2005 年

・筆者名が明記されていない記述はすべて、藪前知子（東京都現代美術館）が執筆した。

Photo Credit

pp. 1-27, 68-69, 70-81, 123-134, 136-137, 143-145: © Noriaki Yokosuka

pp. 35, 48, 50-51, 55 (upper right): © Hajime Sawatari　　　　　　　　　　---

pp. 41, 63, 88-89, 162, 184: © Hideki Fujii

p. 42: © The Mainichi Newspapers　　　　　　　　　　　pp. 38-39, 84-85: Courtesy of Kansai Yamamoto Office

p. 43: © The Asahi Shimbun Company　　　　　　　　　pp. 70-73, 75: Courtesy of The Miyake Issey Foundation

pp. 44-45: © Peccinotti Film　　　　　　　　　　　　　pp. 101-109, 111-121: Courtesy of Shiseido Co.,Ltd.

pp. 46-47: © Guy Bourdin / Art + Commers, 2015　　　　pp. 123-129: Courtesy of EMON PHOTO GALLERY

pp. 49, 86-87: © Alao Yokogi　　　　　　　　　　　　 pp. 140-141: Courtesy of Terayama World

pp. 96-97, 99: © Kazou Ohishi　　　　　　　　　　　　pp. 152: Courtesy of Youkiza

p. 56: © David Stetson　　　　　　　　　　　　　　　 pp.153: Courtesy of Makoto Sato

pp. 58, 62: © Toru Kogure　　　　　　　　　　　　　　p. 158: Courtesy of Setagaya Public Theater

pp. 65-67: © Masayoshi Kume　　　　　　　　　　　　 p. 178: Courtesy of Mizuma Art Gallery

p. 79: © Takeji Hayakawa / Noriaki Yokosuka

pp. 84-85: © Yosuke Onishi

p. 90: © PATER SATO

p. 91: © Masuo Ikeda

pp. 92-94: © Pierre et Gilles

p. 95 © François Lamy

p. 98: © Hans Feurer

pp. 112-117, 163: © Serge Lutens

p. 146 (above): © Masafumi Sakamoto

p. 146 (below): © Gérard Amsellem

p. 148: © Kishin Shinoyama

p. 149: © Arata Yoshimura

pp. 150-151: © Nobuyoshi Araki

pp. 156-157: © Makoto Sato

p. 158: © Satoshi Maruyama

p. 160 (Left): ©Tomio Mohri

p. 160: © Hirohide Tatsumi

pp. 166-167: © Naohiro Ukawa / Noriaki Yokosuka

p. 168: © Yasunori Ikunishi / Yasunori Kakegawa

p. 170: © Kohei Take

p. 173: © Kazuhiro Shirao

p. 175: © Yuki Ohara

p. 176 (above), p. 177 (above): © Yuriko Takagi

p. 178: © Hiroyuki Matsukage

pp. 179-183: © Kazuyoshi Shimomura（AVGVST）

山口小夜子　未来を着る人

2015 年 4 月 30 日　初版発行
2022 年 8 月 30 日　新装版初版発行
2024 年 5 月 30 日　新装版 3 刷発行

編　　者　東京都現代美術館
デザイン　松本弦人
プリンティング・ディレクター　栗原哲朗
発 行 者　小野寺優
発 行 所　株式会社河出書房新社
　　　　　〒 162-8544
　　　　　東京都新宿区東五軒町 2-13
　　　　　電話 03-3404-1201（営業）
　　　　　　　　03-3404-8611（編集）
　　　　　https://www.kawade.co.jp/
印刷・製本　図書印刷株式会社
Printed in Japan
ISBN978-4-309-29217-5

Sayoko YAMAGUCHI—the Wearist, clothed in the Future

First edition: April 30, 2015
New edition: August 30, 2022

Edited by Museum of Contemporary Art Tokyo
Art Director: Gento Matsumoto
Printing Director: Tetsuo Kurihara（Tosho Printing Co., Ltd.）
Publisher: Masaru Onodera
Published by KAWADE SHOBO SHINSHA Ltd., Publishers

2-13 Higashi-Gokencho, Shinjuku-ku, Tokyo 162-8544, Japan
+81-3-3404-1201（Sales department）
+81-3-3404-8611（Editorial department）
https://www.kawade.co.jp/
Printed & Bound by Tosho Printing Co., Ltd.